图书在版编目（CIP）数据

西藏那曲维管植物图鉴 / 张潮等主编. -- 北京 :
中国林业出版社, 2024.9
ISBN 978-7-5219-2248-6

Ⅰ. ①西… Ⅱ. ①张… Ⅲ. ①维管植物—那曲—图集
Ⅳ. ①Q949.408-64

中国国家版本馆CIP数据核字(2023)第123159号

策划编辑：肖　静
责任编辑：袁丽莉　肖　静
装帧设计：北京八度出版服务机构

———————————————

出版发行：中国林业出版社
（100009，北京市西城区刘海胡同 7 号，电话 83143633）
电子邮箱：cfphzbs@163.com
网址：www.cfph.net
印刷：河北京平诚乾印刷有限公司
版次：2024 年 9 月第 1 版
印次：2024 年 9 月第 1 次
开本：889mm×1194mm　1/32
印张：9.75
字数：300 千字
定价：128.00 元

《西藏那曲维管植物图鉴》编写委员会

主　编

张　潮（贵州师范大学生命科学学院；西藏农牧学院西藏高原森林生态教育部重点实验室）

罗　建（西藏农牧学院西藏高原森林生态教育部重点实验室）

吕利新（中国科学院植物研究所）

于顺利（中国科学院植物研究所）

编　委

方江平（西藏农牧学院西藏高原森林生态教育部重点实验室）

卢　杰（西藏农牧学院西藏高原森林生态教育部重点实验室）

屈兴乐（西藏农牧学院西藏高原森林生态教育部重点实验室）

蒲　星（西华师范大学生命科学学院）

张文艳（中国科学院植物研究所）

贾恒峰（中国科学院植物研究所）

郑嘉诚（中国科学院植物研究所）

杨　晶（中国科学院植物研究所）

钟　元（中国科学院植物研究所）

肖健宇（中国科学院地理科学与资源研究所）

董云焘（中国科学院植物研究所）

古玖林（四川中医药高等专科学校）

编写说明

范围：以那曲市109国道以东地区为主（聂荣县、巴青县、比如县、索县、嘉黎县全部，以及安多县、色尼区部分区域）。

类群：石松和蕨类植物、裸子植物和被子植物。

系统：科级水平上按PPG系统、克氏系统和APG-Ⅳ系统排列，属、种级水平主要按照字母顺序排列，部分科内属的排列、属内种的排列参考《中国植物志》和《西藏植物志》。

名称：学名主要依据《Flora of China》；并参考了一些国际植物名称数据库（如IPNI、POWO、Tropicos）；中文名主要参考了中国植物图像库（Plant Photo Bank of China，PPBC），也列出了《西藏植物志》与PPBC不一致的别名。

描述：仅在物种水平进行描述，描述部分的文字参考《中国植物志》和《西藏植物志》，缺少描述的部分植物标本参考CVH（中国数字植物标本馆），尽量精简以突出植物主要特征，并附上花果期、生境、海拔及地理分布。

前言

那曲市的地理位置介于东经83°55′～95°5′和北纬29°55′～36°30′之间，东西长1156千米，南北宽760千米，是西藏的“北大门”，位于青藏高原腹地，是长江、怒江、拉萨河、易贡藏布等大江大河的源头。那曲市地处西藏北部的唐古拉山脉、念青唐古拉山脉和冈底斯山脉之间。那曲市中部属高原丘陵地形，西北部海拔较高，北部属唐古拉山区域，东部属高原山地，南部属藏北高原与藏东高山峡谷交汇地带。

随着地形、海拔的变化，那曲市的植被也有不同，《西藏植被》记录了那曲有以下主要植被：山原峡谷山地灌丛、高山草甸灌丛、高山草甸和高原草原。对那曲市的植物物种的记载集中在《西藏植物志》和《中国植物志》中，至今已有几十年，受当时的交通和地理环境制约，一些偏僻地点的植物不一定能被收录，一部分物种的分布可能已经发生改变。《那曲地区草地植物名录》《藏北羌塘高寒草地研究样带常见植物图谱》《西藏野生花卉》《青藏高原野花大图鉴》等书也收录了那曲市的部分植物。

作为青藏高原第二次综合科学考察的重要组成部分，编写委员会成员自2019年起连续数年参与森林和灌丛生态系统与资源管理的专题任务，调查那曲市109国道以东区域的植被组成情况是团队的主要任务之一。团队采用样方、样线法进行调查，除了经纬度的差异性，也做了大量的断面调查，调查植被在海拔梯度上的变化，在此过程中采集了一些植物并制作蜡叶标本，积累了很多植物数码照片资料。团队珍视这些资料的积累，也希望能把这些资料分享、反馈给同行及植物爱好者们。根据物种鉴定的结果，团队整理出大量那曲市的植物照片并整理成书籍出版。本书共收录531种维管植物，其中，石松类和蕨类植物4科7种；裸子植物3科4种；被子植物53科520种。每种植物配彩色照片1～3张。本书收录了那曲市常见的维管植物，可以作为那曲市、藏北草原植物调查和研究，以及植物多样性保护的参考资料。

在植物鉴定过程中，团队得到以下专家的指导和帮助：陈文俐（禾本科）、赖阳均（兰科）、刘全儒（禾本科）、杨永（麻黄科）、张树仁（莎草科）、张宪春（石松类和蕨类植物）、刘冰博士（审校书稿）。在此一并致谢！

本书的出版由西藏高原森林生态教育部重点实验室（西藏农牧学院）、西藏林芝高山森林生态系统国家野外科学观测研究站（西藏农牧学院）、西藏自治区高寒植被生态安全重点实验室（西藏农牧学院）资助。

因调查难度大，作者水平有限，错误和不当之处敬请读者批评指正。

编著者

2022.11.5

目 录

被子植物

石松类和蕨类植物

PART 1

一、凤尾蕨科 Pteridaceae

碎米蕨属 *Cheilanthes*

001 禾秆旱蕨
Cheilanthes tibetica

植株高（6）10～15厘米。叶柄基部被亮黑色有棕色窄边披针形小鳞片；叶密集成丛；柄长达7厘米，禾秆色；叶片卵状长圆形或卵状三角形，顶部羽裂渐尖，中部以下二回羽状深裂，羽片3～5（～7）对，几无柄。孢子囊群生小脉顶端。生林下或草地石上；海拔2300～3900米。产拉萨、日喀则、康马、加查、墨脱；新疆、青海。

二、铁角蕨科 Aspleniaceae

铁角蕨属 *Asplenium*

002 高山铁角蕨
Asplenium aitchisonii

植株高6～15厘米。叶簇生；叶柄长4～6厘米，纤细；叶片披针形，短尖头，二回羽状；羽片5～6对，下部的对生，向上的近对生或互生，基部一对较大，半圆形，圆头，基部圆截形，近掌状分裂；小羽片3片，同形同大，扇形，圆头，基部阔楔形，顶端深条裂。孢子囊群椭圆形，生于小脉的中部或下部。生林下潮湿岩石上；海拔2000米。产甘肃、云南、新疆。西藏新分布。

三、鳞毛蕨科 Dryopteridaceae

耳蕨属 *Polystichum*

003 薄叶耳蕨　薄叶高山耳蕨
Polystichum bakerianum

植株高60～80厘米。叶簇生；叶柄长24～35厘米，禾秆色；叶片窄卵形或窄椭圆形，二回羽状，羽片20～40对，互生，具短柄，线状披针形，基部上侧具耳状凸起，一回羽状，小羽片16～20对，近对生，长圆形或斜卵形。孢子囊群着生小羽片主脉两侧；囊群盖圆盾形，边缘具缺刻状锯齿。生高山针叶林下、高山栎林下或草甸上；海拔2900～4000米。产吉隆、错那；四川、云南；印度、尼泊尔。

004 拉钦耳蕨　浅裂高山耳蕨
Polystichum lachenense

植株高6～25厘米。叶簇生；叶柄纤细，长2～6厘米，下部禾秆色，疏被线形或窄披针形棕色鳞片；叶片窄披针形，长5～15厘米，宽0.8～1.6厘米，一回羽状，羽片12～20对，互生，疏离，卵状三角形，基部上侧略耳状凸起，羽状浅裂或具小尖齿。孢子囊群多生于上部羽片，着生主脉两侧；囊群盖圆盾形，边缘啮齿状。生高山草甸；海拔3600～5000米。产拉萨、错那、加查、隆子、工布江达、米林、林芝、类乌齐、比如等市（县）；甘肃、新疆、四川、云南、台湾；尼泊尔、印度。

005 猫儿刺耳蕨

Polystichum stimulans

植株高12～20厘米。叶簇生，禾秆色，腹面有纵沟；叶片线状披针形，长7～15厘米，宽1.8～2.5厘米，先端渐尖或长渐尖，一回羽状，但下部羽片常分裂；羽片10～16对，互生，平伸，斜卵形至近三角形，先端急尖或渐尖呈刺状，上侧有三角形耳状凸，边缘有小齿，下部羽片基部上侧有1个分离的羽片或1～2对裂片，裂片卵形，先端急尖有刺头。孢子囊群位于主脉两侧；囊群盖圆形，盾状，边缘齿裂状。生沟边石缝中；海拔1700～3000米。产吉隆、聂拉木（樟木）；云南、四川、贵州；印度、尼泊尔、不丹。

鳞毛蕨属 *Dryopteris*

006 纤维鳞毛蕨 *Dryopteris sinofibrillosa*

植株高40～70厘米。根茎直立，密被深棕色、钻状、具齿披针形鳞片；叶簇生；叶柄长10～15厘米，基部密被黑褐色、钻状扭曲窄披针形鳞片；叶片披针形，羽裂渐尖头，二回羽状，侧生羽片约25对，互生或近对生，披针形，几无柄，羽状深裂，小羽片14～16对，长约1厘米，宽3～4毫米，长圆形，略具钝齿牙或波状，两侧近全缘，略反折；叶轴下面被褐色鳞片，上部被棕色纤维状鳞毛。孢子囊群圆形，着生叶缘与主脉间；囊群盖圆肾形。生暗针叶林下；海拔2800～3500米。产吉隆、工布江达、米林、波密、错那、亚东、察隅；云南、四川；尼泊尔、印度、巴基斯坦。

四、水龙骨科 Polypodiaceae

瓦韦属 *Lepisorus*

007 宽带蕨 *Lepisorus waltonii*

植株高达25厘米。根状茎长而横走，密被褐色鳞片。叶疏生；叶柄长6～7厘米，禾秆色，光滑；叶片呈戟形，长10～14厘米，上部边缘具深波状圆齿，干后灰绿色，近纸质，光滑；主脉粗壮，下面圆形隆起，小脉不显。孢子囊群大，在主脉两侧各排成一行，略靠近主脉，幼时被隔丝覆盖；隔丝近鳞片状，大网眼，全透明，边缘具长刺。附生岩石缝中；海拔2750米。产拉萨、曲水、林周、米林、加查、乃东、南木林、萨迦、隆子。

裸子植物

PART 2

一、麻黄科 Ephedraceae

麻黄属 *Ephedra*

001 山岭麻黄
Ephedra gerardiana

矮小灌木；高5～15厘米。木质茎常横卧或倾斜形如根状茎，埋于土中，每隔5～10厘米生一植株。绿色小枝直伸向上或弧曲成团状，通常仅具1～3个节间，纵横纹明显，节间长1～1.5厘米，径1.5～2毫米。叶2裂，长2～3毫米，2/3合生，裂片三角形或扁圆形。雄球花单生于小枝中部的节上，苞片2（3）对；雌球花单生，无梗或有梗，具2～3对苞片，熟时雌球花肉质红色，近圆球形。种子1～2，先端外露，长圆形或倒卵状长圆形，长4～6毫米，径约3毫米。花期7月；种子8～9月成熟。生于干旱山坡；海拔3700～5300米。产日土、噶尔、革吉、札达、改则、仲巴、萨噶、吉隆、聂拉木、定日、定结、日喀则、白朗、江孜、浪卡子、双湖、班戈、申扎、林周、拉萨、隆子、嘉黎、八宿、左贡；云南、四川；阿富汗、巴基斯坦、印度、尼泊尔。

002 单子麻黄
Ephedra monosperma

草本状矮小灌木；高5～15厘米。绿色小枝常微弯，通常开展，节间细短，长1～2厘米，径约1毫米，纵槽纹不甚明显。叶2裂，1/2以下合生，裂片短三角形，先端钝或尖。雄球花生于小枝上下各部，单生枝顶或对生节上，多成复穗状，苞片3～4对；雌球花单生或对生节上，无梗，苞片3对。种子多为1，外露，三角状卵圆形或长圆状卵圆形。花期6月；种子8月成熟。多生于山坡石缝中或林木稀少的干燥地区；海拔3700～4700米。产江达、芒康、昌都、米林、那曲、班戈、当雄、曲水；黑龙江、河北、山西、内蒙古、新疆、青海、宁夏、甘肃、四川等省（自治区）；俄罗斯。含生物碱，供药用。

二、松科 Pinaceae

云杉属 *Picea*

003 川西云杉
Picea likiangensis var. *rubescens*

乔木；高达50米。树皮深灰或暗褐灰色，深裂成不规则的厚块片。叶四棱状条形，直或微弯，长0.6～1.5厘米，宽1～1.5毫米，先端尖或钝尖，横切面菱形或微扁四棱形，上两面各有气孔线4～7条，下两面各有3～4条气孔线。球果卵状矩圆形或圆柱形，种鳞红褐色或黑紫色，长4～9厘米。种子近卵圆形，连翅长约1.4厘米。花期4～5月；球果9～10月成熟。在海拔3500～4200米地带常成纯林。产江达、贡觉、芒康、左贡、察隅、八宿、察雅、昌都、类乌齐、洛隆、索县、比如；四川、青海。

三、柏科 Cupressaceae

刺柏属 *Juniperus*

004 大果圆柏 *Juniperus tibetica*

乔木；稀呈灌木状。高达30米，树皮灰褐色或淡褐灰色，裂成不规则薄片。鳞叶先端钝或钝尖，背面拱圆或上部有钝脊，中部有线状椭圆形或线形腺体。幼树的刺叶3叶交叉轮生，长4～8毫米，上面凹，有白粉，中脉明显或中下部明显，下面拱圆，沿脊有细纵槽。球果卵圆形或近球形，长0.9～1.6厘米，熟时呈红褐、褐、黑或紫黑色。散生林中或组成纯林，为我国特有树种；海拔2800～4600米。产聂拉木、定日、亚东、浪卡子、曲水、洛扎、隆子、林周、嘉黎、波密、洛隆、左贡、芒康、察雅、贡觉、江达、昌都、类乌齐、比如、索县；甘肃、四川、青海。

被子植物

一、天门冬科 Asparagaceae

黄精属 *Polygonatum*

001 卷叶黄精 *Polygonatum cirrhifolium*

直立草本；根状茎肥厚，圆柱形，或连珠状。茎高30～90厘米。叶常3～6枚轮生，稀下部散生，细线形或线状披针形，稀长圆状披针形，先端拳卷或钩状，叶缘常外卷。花序轮生，常具2花，花梗俯垂；花被淡紫色；浆果成熟时红或紫红色。花期5～7月；果期9～10月。生林下、山坡或草地；海拔2350～4800米。产吉隆、聂拉木、定日、定结、日喀则、南木林、亚东、拉萨、工布江达、贡觉、加查、朗县、比如、索县、左贡、芒康、米林、林芝、波密、昌都、墨脱、错那和察隅；云南、四川、甘肃、青海、宁夏、陕西；尼泊尔、印度等。

天门冬属 *Asparagus*

002 羊齿天门冬 *Asparagus filicinus*

直立草本；通常高50～70厘米。茎近平滑，分枝通常有棱，有时稍具软骨质齿。叶状枝每5～8枚成簇，扁平，镰刀状，长3～15毫米，宽0.8～2毫米，有中脉;鳞片状叶基部无刺。花每1～2朵腋生，淡绿色，有时稍带紫色。浆果直径5～6毫米。生丛林下或山谷阴湿处，海拔2380～3900米。产吉隆、隆子、米林、林芝、工布江达、江达、贡觉、类乌齐和昌都等；山西、河南、陕西、甘肃、湖北、湖南、浙江、四川、贵州和云南；缅甸、不丹和印度等。

二、水麦冬科 Juncaginaceae

水麦冬属 *Triglochin*

003 海韭菜
Triglochin maritimum

多年生湿生草本。叶基生，条形，长7～30厘米，基部具鞘，鞘缘膜质。花莛直立，圆柱形；总状花序顶生，花较紧密，无苞片；花被片6，2轮，绿色，外轮宽卵形，内轮较窄；雄蕊6，无花丝；雌蕊由6枚心皮合生，柱头毛笔状。蒴果6棱状椭圆形或卵圆形，熟时6瓣裂，顶部联合。花果期6～10月。生于湖边盐碱沼泽草地或河边、山沟潮湿草地及沼泽草甸中；海拔3050～5150米。产东北、华北、西北、西南各省（自治区）；广布于北半球温带及寒带。

三、眼子菜科 Potamogetonaceae

眼子菜属 *Potamogeton*

004 浮叶眼子菜
Potamogeton natans

多年生水生草本。根茎白色，常具红色斑点。浮水叶少数，革质，卵形或矩圆状卵形，长4～9厘米，先端圆或具钝尖头，基部心形或圆，具长柄，叶柄与叶片连接处反折；沉水叶质厚，常早落。穗状花序顶生，长3～5厘米，花多轮，开花时伸出水面。果倒卵形，常灰黄色。花果期7～10月。生湖泊、沟塘等静水或缓流中；海拔2200～3650米。产西藏、新疆及东北；为北半球广布种。

四、菝葜科 Smilacaceae

菝葜属 *Smilax*

005 防己叶菝葜 *Smilax menispermoidea*

攀缘灌木。茎长0.5～3米。枝条无刺。叶纸质，卵形或宽卵形，长2～6（10）厘米，宽2～5（7）厘米，先端急尖并具尖凸，基部浅心形至近圆形，下面苍白色；叶柄长5～12毫米，约占全长的2/3～3/4，具狭鞘，通常有卷须，脱落点位于近顶端。伞形花序具几花至10余花；总花梗纤细，比叶柄长2～4倍；花序托稍膨大，有宿存小苞片；花紫红色。浆果熟时呈紫黑色。花期5～6月；果期10～11月。生于山坡林下或灌丛中，也见于林缘；海拔2350- 3700米。产吉隆、聂拉木、定结、亚东、错那、林芝、米林、工布江达、波密、察隅；云南、贵州、四川、湖北、陕西、甘肃；克什米尔地区、尼泊尔、印度、越南和马来西亚。

五、百合科 Liliaceae

贝母属 *Fritillaria*

006 梭砂贝母 *Fritillaria delavayi*

植株高达35厘米。鳞茎由2（～3）枚鳞片组成，地上部分表面具一层薄灰白色蜡质层。茎生叶3～5，散生或最上面2枚对生，窄卵形或卵状椭圆形，长2～7厘米。花单生，淡黄色，具红褐色斑点或小方格；内花被片比外花被片稍长且宽。蒴果棱上具窄翅，宿存花被直立不萎缩。花期6～7月；果期8～9月。生沙石地或流沙岩石的缝隙中；海拔3800～4700米。产亚东、拉萨、南木林、加查、察隅、昌都和丁青；云南、四川、青海。

六、兰科 Orchidaceae

角盘兰属 *Herminium*

007 裂瓣角盘兰 裂唇角盘兰
Herminium alaschanicum

植株高达60厘米。茎下部密生叶2～4枚，其上具3～5小叶。叶窄椭圆状披针形，长4～15厘米。花序具多花；花绿色，垂头钩曲；花瓣直立，中部骤窄呈尾状且肉质，或多或少呈3裂，中裂片近线形唇瓣近长圆形，基部凹入具距，前部3裂至近中部，侧裂片线形，中裂片线状三角形，较侧裂片稍宽短；距长圆状，长1.5毫米，向前弯曲。花期6～9月。生山坡草地、高山栎林下或山谷峪坡灌丛草地；海拔1800～4500米。产内蒙古、河北、山西、陕西、宁夏、甘肃、青海、四川（西部）、云南（西北部）、西藏（东南部至南部）。

008 角盘兰
Herminium monorchis

植株高达35厘米。茎下部具2～3叶，其上具1～2小叶。叶窄椭圆状披针形或窄椭圆形；长2.8～10厘米，宽0.8～2.5厘米；先端尖。花序具多花；花黄绿色，垂头，钩手状；花瓣近菱形，上部肉质，较萼片稍长，向先端渐窄，或在中部多少3裂，中裂片线形；唇瓣与花瓣等长，肉质，基部浅囊状，近中部3裂。花期6～7（～8）月。生山坡阔叶林至针叶林下、灌丛下、山坡草地或河滩沼泽草地中；海拔2700～4500米。产西藏（东部至南部）；东北、山东、内蒙古、河北、河南、山西、陕西、甘肃、青海、四川、云南；朝鲜、日本、俄罗斯、克什米尔、尼泊尔、印度至不丹以及西亚、欧洲。

兜蕊兰属 *Androcorys*

009 剑唇兜蕊兰
Androcorys pugioniformis

植株高达18厘米。茎无毛，近基部具1叶。叶长圆状倒披针形、长圆形、窄椭圆形或椭圆形，长2～4.5厘米，基部抱茎。花序具3至10余花；花绿色；花瓣直立，斜卵形或斜长圆状卵形，舟状，全缘，唇瓣反折，肉质，线状长圆形，基部剑状，无距。花期8～9月。生山坡草地；海拔4900～5200米。产拉萨、达孜；青海、四川、云南；克什米尔、尼泊尔、印度。

掌裂兰属 *Dactylorhiza*

010 凹舌兰　凹舌掌裂兰
Dactylorhiza viridis

地生草本。植株高14～45厘米。叶常3～4（～5）枚，叶片狭倒卵状长圆形、椭圆形或椭圆状披针形，直立伸展，长5～12厘米，宽1.5～5厘米，先端钝或急尖，基部收狭成抱茎的鞘。总状花序具多数花；花绿黄色或绿棕色，直立伸展；花瓣直立，线状披针形，较中萼片稍短，与中萼片靠合呈兜状；唇瓣下垂，肉质，倒披针形，较萼片长，基部具囊状距，上面在近部的中央有1条短的纵褶片，前部3裂；侧裂片较中裂片长。蒴果直立，椭圆形，无毛。花期（5～）6～8月；果期9～10月。生山坡林下，灌丛下或山谷林缘湿地；海拔3800～4300米。产黑龙江、吉林、辽宁、内蒙古、河北、山西、陕西、宁夏、甘肃、青海、新疆、台湾、河南、湖北、四川、云南（西北部）和西藏（东北部）；欧洲至西伯利亚、朝鲜半岛、北美洲、克什米尔及日本、尼泊尔、不丹。

原沼兰属 *Malaxis*

011 原沼兰
Malaxis monophyllos

地生草本。叶常1枚，卵形、长卵形或近椭圆形，长2.5～7.5厘米；叶柄多少鞘状，长3～6.5（～8）厘米，抱茎和上部离生。花葶长达40厘米，花序具数十朵花；花淡黄绿或淡绿色；花瓣近丝状或极窄披针形，先端骤窄成窄披针状长尾（中裂片），唇盘近圆形或扁圆形，中央略凹下，两侧边缘肥厚，具疣状凸起，基部两侧有短耳。蒴果倒卵形或倒卵状椭圆形。花果期7～8月。生林下、灌丛中或草坡上；海拔2500～4100米。产黑龙江、吉林、辽宁、内蒙古、河北、山西、陕西、甘肃、台湾、河南、四川、云南（西北部）和西藏；朝鲜半岛、西伯利亚、欧洲、北美洲和日本。

七、鸢尾科 Iridaceae

鸢尾属 *Iris*

012 锐果鸢尾
Iris goniocarpa

多年生草本。根状茎短，棕褐色。须根细，质地柔嫩，黄白色，多分枝。叶柔软，黄绿色，条形，长10～25厘米，宽2～3毫米，顶端钝，中脉不明显。花茎高10～25厘米，无茎生叶；苞片2枚，内含1花；花呈蓝紫色；花梗甚短或无；外花被裂片倒卵形或椭圆形，有深紫色的斑点，顶端微凹，基部楔形，内花被裂片狭椭圆形或倒披针形，长顶端微凹，直立；雄蕊花药黄色；花柱分枝花瓣状。蒴果黄棕色，三棱状圆柱形或椭圆形，顶端有短喙。花期5～6月；果期6～8月。生高山草地、向阳山坡的草丛中以及林缘、疏林下；海拔3000～4000米。产陕西、甘肃、青海、四川、云南、西藏；印度、不丹、尼泊尔。

013 卷鞘鸢尾
Iris potaninii

多年生草本。植株基部围有大量老叶叶鞘的残留纤维。叶条形，花期叶长4～8厘米，宽2～3毫米，果期长可达20厘米。花茎极短，不伸出地面，基部生有1～2枚鞘状叶；苞片2枚，内含1花；花黄色；花梗甚短或无；花被管下部丝状，上部逐渐扩大成喇叭形，外花被裂片倒卵形，顶端微凹，中脉上密生有黄色的须毛状附属物，内花被裂片倒披针形，顶端微凹，直立；雄蕊花药短宽，紫色；花柱分枝扁平，黄色。果实椭圆形，顶端有短喙。花期5～6月，果期7～9月。生石质山坡或干山坡；海拔3000米以上。产甘肃、青海、西藏；俄罗斯、蒙古、印度。

八、石蒜科 Amaryllidaceae

葱属 *Allium*

014 镰叶韭
Allium carolinianum

鳞茎单生或2～3枚聚生，窄卵状或卵状圆柱形。叶宽线形，扁平，常镰状，短于花莛。伞形花序球状，多花；花梗近等长，稍短于花被片或长为其2倍；花呈紫红、淡紫、淡红或白色；花被片窄长圆形或长圆形，有时微凹缺，外轮稍短，或与内轮近等长；花丝锥形，稍短于花被片或长为其2倍；子房近球形，花柱伸出花被。花果期6～9月。生砾石山坡、向阳的林下和草地；海拔2500～5000米。产甘肃（西部）、青海、新疆和西藏（西部和北部）；俄罗斯（中亚地区）、阿富汗至尼泊尔。

015 天蓝韭
Allium cyaneum

鳞茎数枚聚生，圆柱状。叶半圆柱状，比花葶短或长。伞形花序半球状，少花至多花，常松散；花梗近等长，与花被片等长或为其2倍；花呈天蓝色；花被片卵形或长圆状卵形，内轮稍长；花丝等长，比花被片长1/3或为其2倍；子房近球形，花柱伸出花被。花果期8～10月。生山坡、草地、林下或林缘；海拔2100～5000米。产陕西、宁夏、甘肃、青海、西藏、四川和湖北（西部）。

016 杯花韭
Allium cyathophorum

根粗壮，较长。鳞茎单生或聚生，圆柱状。叶线形，常短于花葶，中脉明显。伞形花序多花；花梗不等长，与花被片近等长至3倍长；花呈紫红或深紫红色；花被片椭圆状长圆形，内轮稍长；花丝长为花被片2/3；子房卵圆状，具疣状凸起，每室2胚珠；花柱短于或长于子房，柱头3浅裂。花果期6～8月。生山坡或草地；海拔3000～4600米。产云南（西北部）、西藏（东部）、四川（西南部）和青海（玉树地区）。

017 粗根韭
Allium fasciculatum

根粗短，块根状。鳞茎单生或聚生，圆柱状。叶线形，长于花莛，中脉不明显。伞形花序球状，密集；花梗近等长，长为花被片1.5～2倍；花呈白色；花被片披针形，先端渐尖，或不规则2裂，基部圆；花丝锥形，稍短于花被片；子房扁球状，具短柄，具疣状凸起，每室2胚珠，花柱与子房等长或稍长，柱头点状。花果期7～9月。生山坡、草地或河滩沙地；海拔2200～5400米。产西藏（东南部）和青海（南部，如治多、玉树）；尼泊尔和不丹。

018 青甘韭
Allium przewalskianum

鳞茎数枚聚生，窄卵状圆柱形。叶半圆柱状或圆柱状，具4～5纵棱，短于或稍长于花莛；伞形花序半球状至球状，多花；花梗近等长，长为花被片2～3倍；花呈淡红或深紫色；内轮花被片长圆形或长圆状披针形，外轮稍短，卵形或窄卵形；花丝等长，长为花被片1.5～2倍；花柱远比子房长，伸出花被。花果期6～9月。生干旱山坡、石缝、灌丛下或草坡；海拔2000～4800米。产云南（西北部）、西藏、四川、陕西、宁夏、甘肃、青海和新疆；印度和尼泊尔。

019 太白山葱 *Allium prattii*

鳞茎单生或聚生，近圆柱状。叶2枚，近对生，稀3枚，线形、线状披针形、椭圆状披针形或椭圆状倒披针形，短于或近等长于花莛。伞形花序球状，花密；花梗近等长，长为花被片2～4倍；花呈紫红或淡红色，稀近白色；内轮花被片披针状长圆形或窄长圆形，外轮窄卵形，长圆状卵形或长圆形；花丝略长于花被片至为其1.5倍长；子房柄长约0.5毫米。花果期6～9月。生阴湿山坡、沟边、灌丛或林下；海拔2000～4900米。产西藏、云南、四川、青海、甘肃、陕西、河南和安徽；印度、尼泊尔和不丹。

020 野黄韭 *Allium rude*

鳞茎单生，圆柱状。叶线形，扁平，短于或近等长于花莛，有时微呈镰状。伞形花序球状，多花；花梗等长，与花被片近等长或为其1.5倍；花淡黄色或淡绿黄色；花被片长圆状椭圆形或长圆状卵形；子房卵圆形，花柱伸出花被。花果期7～9月。生草甸或潮湿山坡；海拔3000～4600米。产西藏（东部）、四川（西部至西北部）、甘肃（南部）和青海（东南部）。

021 高山韭
Allium sikkimense

鳞茎数枚聚生，圆柱状。叶线形，扁平，短于花莛。伞形花序半球状，多花，密集；花梗近等长，短于或等于花被片；花天蓝色；花被片卵形或卵状长圆形，内轮常疏生不规则小齿，常比外轮稍长而宽；花丝等长，长为花被片1/2～2/3；子房近球形，柱头点状。花果期7～9月。生山坡、草地、林缘或灌丛下；海拔2400～5000米。产宁夏（南部）、陕西（西南部）、甘肃（南部）、青海（东部和南部）、四川（西北部至西南部）、西藏（东南部）和云南（西北部）；印度、尼泊尔、不丹。

九、灯芯草科 Juncaceae

灯芯草属 *Juncus*

022 走茎灯芯草
Juncus amplifolius

多年生草本；高20～40（～49）厘米。根状茎长而横走；茎圆柱形或稍扁。叶基生和茎生；低出叶鞘状或鳞片状，微红褐色；基生叶长达14厘米，叶片线形；茎生叶1～2（～3），长5～10厘米。花序具2～5头状花序，组成顶生聚伞花序；头状花序有3～10花，径0.8～1.5厘米；叶状苞片长1～6厘米；苞片数枚，披针形或卵状披针形，褐色；花被片披针形，红褐色或紫褐色，外轮稍短；雄蕊6，短于花被片，花药长圆形，浅黄色，花丝褐色；柱头3分叉，暗褐色。蒴果长椭圆形，伸出花被片外，具喙状短尖，深褐色。花期5～7月；果期6～8月。常生于山坡草甸、灌丛或林缘湿地；海拔4200～4600米。产陕西、甘肃、青海、四川、云南、西藏。

023 显苞灯芯草　苞灯芯草
Juncus bracteatus

多年生草本；高14～20厘米。叶基生和茎生；低出叶鞘状或鳞片状，暗褐色；基生叶1，叶片线形，长2～3厘米；茎生叶1，生于茎中部，叶片线形，长2.5～3厘米。头状花序单一顶生，半球形，径1.1～1.3厘米，有4～5花；苞片2，黄褐至深褐色，下方1片宽卵形，杓状，向上渐细长，长于花序；花被片披针形，内、外轮近等长，白色至淡黄色；雄蕊6，长于花被；花药线形，淡黄色；花丝丝状，与花被近等长；花柱长，柱头3分叉。蒴果三棱状卵形，顶端具喙，栗褐色。花期7～8月，果期8～9月。生高山草甸潮湿地或山沟林下；海拔3100～4000米。产甘肃、云南、西藏；印度。

024 金灯芯草
Juncus kingii

多年生草本；高15～35厘米。茎丛生。叶基生；低出叶鞘状抱茎，禾秆色；基生叶常1枚，为茎长的1/2～3/4；叶片圆柱形，长7～15厘米，顶端具硬利尖头。头状花序单一，顶生，近圆球形，直径1.4～1.9厘米，有12～22朵花；苞片数枚，宽卵形至卵状披针形，顶端稍尖，最下面的1枚叶状，长1.5～4（～7）厘米，其余与花等长或稍长；花被片长披针形，近等长或内轮稍长，禾秆色；雄蕊6枚，长于花被片；花药线形，黄色；花丝深黄色；子房卵形；柱头3分叉。蒴果三棱状卵形，顶端具短尖头，成熟时黄褐色。花期7～8月；果期8～9月。生山坡、路旁、灌丛草甸中；海拔4100～5000米。产四川、云南和西藏；尼泊尔。

025 甘川灯芯草 *Juncus leucanthus*

多年生草本；高7～16（25）厘米。茎丛生，圆柱形。叶基生和茎生；低出叶鞘状，长约1.5厘米，有时顶端具刺芒状叶片，褐色，光亮；茎生叶2，下方1枚叶片长8～15厘米；上方1枚叶片线形，长1～3厘米，淡褐色。头状花序单一顶生，径0.4～1.8厘米，有（2）4～10花；苞片3～5，披针形，与花序近等长或稍短，褐黄色；花被片长圆状披针形，3脉，淡黄色或白色，内外轮近等长；雄蕊6，长于花被片，花药线形，黄色；子房椭圆形，1室，具不完全3隔膜，柱头3分叉。蒴果三棱状卵形，顶端有短尖头，黄褐色。花期6～7月；果期7～8月。生高山草甸、阴坡湿地；海拔3000～4000米。产陕西、甘肃、四川、云南、西藏；印度、不丹。

026 多花灯芯草 *Juncus modicus*

多年生草本；高4～15厘米。茎密丛生，鬃毛状。叶基生和茎生；低出叶鞘状或鳞片状；茎生叶2，线形，扁圆，叶耳明显，下部叶片长5～8厘米，上部叶片较短，长1～2厘米。头状花序单生茎顶，径6～9毫米，4～8花，苞片2～3，披针形或卵状披针形，与花序近等长或稍短，淡黄色或乳白色；花被片线状披针形，内、外轮近等长，乳白色或淡黄色；雄蕊6，长于花被片，花药线形，淡黄色；柱头3分叉。蒴果三棱状卵形，具喙，黄褐色。花期6～8月；果期9月。生山谷、山坡阴湿岩石缝中和林下湿地；海拔1700～2900米。产陕西、甘肃、湖北、四川、贵州、西藏。

027 锡金灯芯草 *Juncus sikkimensis*

多年生草本；高10～26厘米。茎圆柱形，稍扁。叶全基生；低出叶鞘状，棕褐或红褐色；基生叶2～3，叶片近圆柱形或稍扁，长7～14厘米。花序假侧生，具2个头状花序；叶状苞片顶生，直立，卵状披针形；头状花序有2～5花，径0.6～1.2厘米；苞片2～4，宽卵形，黑褐色；花被片披针形，黑褐色，质地稍厚；雄蕊6枚，短于花被片；花药黄色；花丝黄褐色；子房卵形；花柱线形；柱头3分叉。蒴果三棱状卵形，有喙，栗褐色，光亮。花期6～8月；果期7～9月。生山地阴湿处；海拔4100～4600米。产甘肃、四川、云南、西藏；印度、尼泊尔、不丹。

十、莎草科 Cyperaceae

扁穗草属 *Blysmus*

028 华扁穗草 *Blysmus sinocompressus*

多年生草本；高5～20（～26）厘米。秆扁三棱形，具槽，中部以下生叶。叶平展，边缘内卷，疏生细齿，先端三棱形，短于秆；苞片叶状，高出花序，小苞片鳞片状，膜质。穗状花序1，顶生，长圆形或窄长圆形；小穗3～10多个，2列或近2列，密，最下部1至数个小穗通常疏离；下位刚毛3～6，卷曲，细长，有倒刺；雄蕊3，花药窄长圆形，具短尖；柱头2，长于花柱的1倍。小坚果宽倒卵形，平凸状，深褐色。花果期6～9月。生山溪边、河床、沼泽地、草地等潮湿地区；海拔1000～4000米。产内蒙古、山西、河北、陕西、甘肃、青海、云南、四川、西藏；可能分布于喜马拉雅山西部以至东部地区。

薹草属 *Carex*

029 粗壮嵩草 *Carex sargentiana*

多年生密丛生植物；高10～60厘米。秆密丛生，粗壮。叶基生，坚硬。花序成简单穗状，圆柱形，长2.8 ～8厘米；小穗多数，顶生的雄性，侧生的雄雌顺序；鳞片大，宽卵形；先出叶长8～10毫米，在腹面愈合达中部以上，2脊平滑。柱头3。小坚果椭圆形，有3棱。花果期5～9月。生高山灌丛草甸、沙丘或河滩沙地；海拔2900～5300米。产甘肃、青海、西藏。

030 高山嵩草 *Carex parvula*

多年生丛生草本。秆矮小，高1～3厘米。叶与秆近等长，针状。花序简单穗状，卵状长圆形，长4～6毫米，含小穗少数，先端雄性，下部雌性；小穗具1朵小花，单性；鳞片卵形；先出叶椭圆形，长2～3毫米，背部2脊粗糙，边缘在腹面仅基部愈合。小坚果倒卵状椭圆形。生河滩、山坡、沟谷、阶地的草甸草原、高山草甸、沼泽草甸和灌丛中；海拔3700～5400米。产华北、青海、甘肃、云南、四川、西藏；克什米尔、尼泊尔、印度、不丹。

031 喜马拉雅嵩草
Carex kokanica

秆丛生；高6～35厘米。基部宿存叶鞘深褐色。叶短于秆，平展。圆锥花序穗状，长1～3.5（～5.6）厘米；花柱基部不增粗，柱头3，稀2；苞片鳞片状，基部1枚先端具短芒；小穗10或稍多，密生，长0.5～1厘米。小坚果长圆形或倒卵状长圆形，三棱状，淡灰褐色，有光泽，具短喙。生高山草甸、高山灌丛草甸、沼泽草甸、河漫滩等；海拔3700～5300米。产青海、四川（西部和西南部）、云南（西北部）、西藏；尼泊尔、印度（北部库莽山）、阿富汗、塔吉克斯坦（帕米尔）、哈萨克斯坦。

032 康藏嵩草
Carex littledalei

多年生草本；高10～25厘米。秆较粗壮，钝三棱形。根状茎密集。叶基生，针状，质地坚韧，一般矮于秆。花序简单穗状，长圆形，黄褐色；顶生小穗雄性，侧生小穗雄雌顺序；鳞片长圆形；先出叶卵状披针形，淡褐色，膜质，顶钝圆，边缘不愈合。小坚果长圆形，具3棱。生湖边、山坡、河滩、冲积扇的沼泽草甸和高山草甸上；海拔3700～5200米。产札达、革吉、吉隆、聂拉木、定日、双湖、申扎、班戈、那曲、嘉黎、亚东、措美、隆子、索县、八宿、芒康；青海西北部。

033 甘肃薹草
Carex kansuensis

多年生草本；高60～80厘米。秆粗壮，有3锐棱。叶短于秆，扁平。小穗4～6，长圆状圆柱形，长1.5～3.5厘米，穗梗纤细，弯垂；苞片短叶状，等于或短于花序，无鞘；雌花鳞片长圆状披针形，长约4.5毫米，黑栗色，雄花鳞片与雌鳞片同形，边具狭白色膜质边缘。果囊椭圆形，等长于雌鳞片，扁压，先端具短喙。小坚果长圆形或倒卵状长圆形。花果期7～9月。生于山坡灌丛或草甸中；海拔4200～4500米。产林芝、错那；陕西、甘肃、青海、四川，云南。

034 黑褐穗薹草　黑褐薹草
Carex atrofusca subsp. *minor*

多年生草本；高50～70厘米。秆锐三棱形。叶扁平，明显短于秆。小穗4～5，顶部的2～3枚雄性，长圆形，长0.8～2厘米，褐色，无穗梗；雌小穗疏生，椭圆状长圆形，长1.8～2.5厘米，黑栗色，具细梗，下垂；苞片芒针状，短于小穗，雌花鳞片狭披针形或卵状披针形，先端长渐尖。果囊稍长于鳞片，椭圆形或长圆状椭圆形，扁压，具黄绿色边缘，先端渐尖成嘴；小坚果长圆形，很小，具果梗。花果期7～8月。生沟谷沼泽地上；海拔约4000米。产察隅。分布于甘肃、四川、青海、云南、陕西；帕米尔、尼泊尔和不丹。

035 红嘴薹草
Carex haematostoma

多年生草本；高30～50厘米。秆直立，细圆柱形。叶扁平或稍卷，明显短于秆。小穗4～5个，顶生2个雄性，柱状，可达2.5厘米，下面的较短，长约1.5厘米，无穗梗，其余2～3个雌性，长圆形，长约1.5厘米，近无梗；鳞片椭圆状卵形，表面被毛。果囊长圆形，稍长于鳞片，扁三棱形，密被短柔毛，先端渐狭成嘴，嘴外弯；小坚果倒卵状长圆形，具3棱，有柄。花果期7～8月。生山坡草地、灌丛和岩石缝隙；海拔3500～5000米。产聂拉木、拉萨、隆子、波密、林芝、类乌齐、贡觉；云南、四川、青海；中亚和喜马拉雅山区。

036 尖鳞薹草
Carex atrata subsp. *pullata*

多年生草本；高50～60厘米。秆细弱，3锐棱。叶扁平，稍超过秆。小穗3～5，接近，仅1枚稍离生，圆柱形，长2～4厘米，顶生1枚雌雄顺序，其余雌性，近无柄，仅下面1枚具明显细柄，下垂；苞片线状或禾叶状，与花序近等长；鳞片狭披针形，黑栗色；果囊长圆形，压扁，先端近无喙；小坚果长圆形。生山坡、谷地湿润草地、灌丛或林间空地中；海拔3500～4800米。产吉隆、聂拉木、错那、察隅、米林；云南、四川；尼泊尔、印度。

037 青藏薹草
Carex moorcroftii

多年生草本；高10～30厘米。秆坚硬，三棱柱形。叶扁平，短于秆。小穗4～5，密生，顶生1枚雄性，圆柱形，长1～1.8厘米，其余雌性，卵形，基部小穗具短柄；苞片刚毛状；雌花鳞片卵状披针形。果囊椭圆状倒卵形，稍等长于鳞片，革质，具3棱，先端急缩成短嘴；小坚果倒卵形。花果期7～9月。生山坡、沟边、阶地、洪积扇、冲沟、河漫滩、湖滨平原上的高原草甸、沼泽草甸和草原上；海拔3800～5300米。产日土、札达、革吉、普兰、仲巴、萨嘎、措勤、改则、双湖、申扎、班戈、聂拉木、定日、拉萨、当雄、那曲、聂荣、索县；青海、新疆；俄罗斯。

038 青海薹草
Carex qinghaiensis

植株高10～15厘米。秆弧曲，近圆柱形，细。叶芒针状，内卷，明显短于秆。小穗2～4，无穗梗，密生，顶端雄性，其余2～3枚雌性，长圆形，长约1.5厘米；雌花鳞片卵形或长圆状卵形。果囊长圆状卵形，等长于雌花鳞片，厚纸质，有光泽，先端具明显的嘴；小坚果椭圆形。花果期7月。生山坡、河漫滩、阶地、谷地及平缓山顶的草丛中；海拔4000～5000米。产日土、改则、双湖、仲巴、萨迦、班戈、安多、当雄；青海。

039 唐古拉薹草
Carex tangulashanensis

秆疏丛生；高2～5厘米。秆扁三棱形，平滑。叶稍短于秆，平展，稍坚挺，上部边缘和脉稍粗糙。小穗3～4个，顶生小穗为雄小穗，与雌小穗间距稍远，披针形或披针状卵形，密生10余朵雄花；其余小穗为雌小穗，密集生于秆的基部，常隐藏于叶丛中，卵形或卵圆形，密生5～10朵花，具短柄；雌花鳞片卵形，先端急尖。果囊稍斜展，椭圆形，钝三棱状，黄褐色；小坚果椭圆形，钝三棱状。花果期6～8月。生潮湿地；海拔4000～4750米。产青海、西藏。

十一、禾本科 Poaceae

臭草属 *Melica*

040 藏臭草
Melica tibetica

多年生草本，丛生，高15～60厘米。叶鞘闭合近鞘口，叶舌膜质；叶片扁平或边缘稍内卷，长10～20厘米，宽3～6毫米，两面粗糙。圆锥花序狭窄，长6～18厘米，宽1～1.5厘米，具较密集的小穗，分枝向上，基部主枝长达5厘米；小穗柄细弱，常下弯；小穗紫红色，常含孕性小花2枚，顶生不育外稃聚集成小球形；颖膜质，倒卵状长圆形，顶端钝，第一颖长（4）5～7毫米，具1～3脉，第二颖长5～8毫米，具3～5脉；外稃草质，具5～7脉；内稃短于外稃。花期7～9月。生高山草甸、灌丛下或山地阴坡，海拔3500～4300米。产西藏东南部；河北、内蒙古、陕西、青海、四川。

芨芨草属 *Neotrinia*

041 芨芨草
Neotrinia splendens

秆丛生，坚硬，高0.5～2.5米。叶片坚韧，卷折，长30～60厘米。圆锥花序开展，长15～60厘米；小穗灰绿色或基部带紫色；颖薄纸质，外稃背部密生柔毛，基盘钝圆，具柔毛，芒直立或微弯，粗糙，不扭转，易断落。花果期8～9月。多生于微碱性的草滩及沙土砾石地和干山坡上；海拔3400～4250米。产阿里（日土）、昌都附近；西北、华北等地；蒙古、俄罗斯。

剪股颖属 *Agrostis*

042 岩生剪股颖
Agrostis sinorupestris

多年生。秆稠密丛生，直立而细弱，高12～20厘米。叶鞘长于或短于节间；叶舌干膜质，先端圆或截平；叶片窄线形，长3～15毫米，宽1～1.5毫米，内卷或扁平，微粗糙。圆锥花序披针形，稍紧缩，暗紫色，长3～8厘米，每节具2～6分枝，分枝长达4厘米，平滑；小穗长3.2～3.5毫米，穗梗平滑；颖片披针形，两颖稍不等长；外稃先端微有齿，芒自外稃背面的中部伸出，长4～5毫米。颖果椭圆形。花果期夏秋季。生于山坡上；海拔3100米。产林芝；云南。

碱茅属 *Puccinellia*

043 裸花碱茅
Puccinellia nudiflora

多年生草本；高10～20厘米。基部节膝曲。叶鞘平滑无毛；叶舌长约1毫米；叶片对折或内卷，长3～5厘米，顶生叶片长约1厘米。圆锥花序长4～6厘米，较紧密；分枝长2～4厘米，上部二叉状，着生2～4枚小穗，侧生小穗柄较粗厚，平滑；小穗长圆状卵形，含4小花；颖片卵形，顶端钝圆，有细缘毛；外稃宽卵形，上部有脊，顶端钝圆，边缘金黄色膜质，或有细缘毛；内稃稍短，无毛。花果期7月。生湖边砾石盐滩草甸、高山沟谷渠边沼泽地；海拔2400～4900米。产西藏（双湖、普兰）、新疆（托克逊、和静、阿图什、乌恰、叶城、策勒）、青海（都兰、玛多）；中亚及帕米尔。

箭竹属 *Fargesia*

044 西藏箭竹
Fargesia macclureana

秆高1～7米，粗5～35毫米；节间一般长18～28厘米，微被白粉，幼时在节间上半部被棕色或灰褐色刺毛，老后脱落，纵向细肋明显；箨环隆起，幼时被棕色刺毛；秆环微隆起；节内长2～9毫米。秆每节有3～7枝簇生，枝斜展。小枝具3～5叶；叶鞘长3～9厘米，紫绿色；叶耳微小，紫色，略呈三角形，边缘具屈曲呈紫色或黄褐色放射状繸毛，或无叶耳；叶舌拱形或截形；叶片披针形，长4～17厘米，宽4～18毫米，基部阔楔形，上表面无毛或基部多少有毛，下表面疏生灰色短柔毛，次脉3或4对，叶缘具小锯齿。笋期7月。普遍生于高山松或油麦吊杉林下；海拔2100～3800米。产波密、林芝。

狼尾草属 *Pennisetum*

045 白草
Pennisetum flaccidum

多年生草本。秆直立，单生或丛生，高20～90厘米。叶鞘疏松包茎；叶舌短，具纤毛；叶片狭线形，长10～25厘米，宽5～8（～1）毫米，两面无毛。圆锥花序紧密，直立或稍弯曲，长5～15厘米；小穗通常单生，卵状披针形；第一颖微小，先端钝圆、锐尖或齿裂；第二颖先端芒尖；第一外稃与小穗等长，有7～9脉；谷粒等长于小穗，花药顶端无毛。颖果长圆形。花果期7～10月。多生于山坡和较干燥处；海拔2900～4600米。产八宿、察雅、贡觉、米林、林芝、加查、乃东（泽当）、隆子、错那、拉萨、萨迦、昂仁、定结、定日、聂拉木、吉隆、普兰、噶尔、札达、日土、革吉、改则、双湖、申扎、措勤、索县、丁青；黑龙江、吉林、辽宁、内蒙古、河北、山西、陕西、甘肃、青海、四川（西北部）、云南（北部）等省（自治区）；俄罗斯、日本及中亚、西亚。为优良牧草。

披碱草属 *Elymus*

046 芒颖鹅观草
Elymus aristiglumis

秆单生或基部丛生，高45～60厘米，1～2节，节下稍被白粉。叶片扁平，长6～8厘米，宽4～5毫米，上面粗糙，下面较平滑，边缘疏生纤毛。穗状花序下垂，紫色，长6～8厘米（除芒外）；小穗具短柄，排列较紧密，稍偏于一侧，具2～3小花，基生者常不育；颖窄披针形，稍偏斜，芒长3～7毫米；外稃长圆状披针形，除基部外遍生刺毛，内稃与外稃等长，先端渐窄，微下凹；花药黑色。生于山坡草地；海拔约4200米。产新疆、青海、甘肃、四川、西藏等省（自治区）。

047 垂穗披碱草 *Elymus nutans*

秆直立，基部的节稍呈膝曲状，高50～70厘米。叶片扁平，上面有时疏生柔毛，长6～8厘米，宽3～5毫米。穗状花序较紧密，小穗的排列多少偏于一侧，通常曲折而先端下垂，长5～12厘米；小穗绿色，成熟后带有紫色，近于无柄或具极短的柄，含3～4小花，通常仅2或3小花发育；颖长圆形，几相等，先端渐尖或具短芒；外稃长披针形，全部生微小的短毛，顶端芒长12～20毫米，反曲或稍展开；内稃等长于外稃，先端钝圆或截平。生于山沟、河谷砂砾地、河谷阶地以及河滩草地；海拔3150～4570米。产改则、亚东、拉萨、左贡、昌都等地；内蒙古、河北、陕西、甘肃、青海、四川、新疆等省（自治区）；西亚、中亚、喜马拉雅地区及蒙古。

雀麦属 *Bromus*

048 雀麦 *Bromus japonicus*

秆直立，高40～90厘米。叶鞘闭合，被柔毛；叶舌先端近圆形，叶片长12～30厘米，宽4～8毫米，两面生柔毛。圆锥花序疏展，长20～30厘米，宽5～10厘米，具2～8分枝，向下弯垂；分枝细，长5～10厘米，上部着生1～4枚小穗；小穗黄绿色，密生7～11小花；颖近等长；外稃椭圆形，草质，边缘膜质，芒自先端下部伸出，长5～10毫米，成熟后外弯。颖果长7～8毫米。花果期5～7月。生山坡林缘、荒野路旁、河漫滩湿地；海拔3000～4000米。产札达、拉孜、拉萨、穷结、波密、林芝；长江、黄河流域；欧洲、地中海沿岸、喜马拉雅山区、中亚地区及伊朗、阿富汗、朝鲜、日本，已侵入非洲、美洲。

穗三毛草属 *Trisetum*

049 西藏穗三毛草
Trisetum spicatum subsp. *tibeticum*

多年生草本；高3～9厘米。密被较长的柔毛。叶鞘松弛，密被柔毛；叶舌膜质；叶片扁平，两面均被柔毛，长1～5厘米，宽1～2毫米。圆锥花序稠密，穗状，长1～2.5厘米，宽1～1.5厘米，花序轴和小穗柄密被较长的柔毛；小穗绿色带紫红色，含2小花；颖膜质，近相等，先端尖；外稃顶端2齿裂，且呈芒尖，长约5毫米，芒自稃体1/2以上伸出，其芒长4～6毫米，膝曲，且芒柱扭转；内稃透明膜质，较外稃稍短，脊先端延伸呈短芒状；花药黄色。花期6～8月。生高山冰川附近的山坡草地上；海拔4800～5500米。产阿里改则、那曲安多、山南隆子等地。

细柄草属 *Capillipedium*

050 细柄草
Capillipedium parviflorum

多年生，簇生草本。秆直立，高50～100厘米。叶片线形，长15～30厘米，宽3～8毫米，圆锥花序长圆形，长7～10厘米，近基部宽2～5厘米，分枝簇生，可具一至二回小枝，小枝为具1～3节的总状花序；无柄小穗长3～4毫米，第一颖背腹扁，先端钝，第二颖舟形，与第一颖等长，先端尖，第二外稃线形，先端具一膝曲的芒，芒长12～15毫米；有柄小穗中性或雄性，等长或短于无柄小穗，无芒。花果期8～12月。生于山坡草地、河边、灌丛中；海拔2650米。产左贡；华东、华中以至西南地区；广布于旧大陆热带与亚热带地区。

细柄茅属 *Ptilagrostis*

051 太白细柄茅　致细柄茅
Ptilagrostis concinna

多年生，密丛。根细弱。秆高5～15厘米，平滑。叶片纵卷如针状，长1～3厘米，分蘖叶长达10厘米。圆锥花序狭窄，长2～4厘米，宽1～1.5厘米；小穗深紫色，颖片宽披针形，平滑；外稃背上部点状粗糙，下部被柔毛，基盘钝圆，被短毛，芒一回或不明显二回膝曲，芒柱微扭转，芒具白柔毛；内稃近等长于外稃。花果期8～9月。多生于高山草甸及山坡潮湿草地；海拔4200～5100米。产日土、普兰、那曲、安多、比如、错那、米林、八宿（邦达）、左贡；分布于陕西、甘肃、青海、四川（西北部）；印度、喜马拉雅、俄罗斯。

羊茅属 *Festuca*

052 微药羊茅
Festuca nitidula

多年生。秆疏丛生，直立，平滑无毛，高10～50厘米，具1～2节。叶鞘下部闭合，平滑无毛；叶舌具纤毛；叶片纵卷或褶叠，平滑，长3～10（～15）厘米，顶生者长1～2厘米，宽0.5～2（～3）毫米。圆锥花序疏松开展，常下垂，长（3）5～12厘米；分枝孪生或单一，开展，中部以下裸露，上部着生小枝与小穗；小穗紫红色，含（2～）3～5小花；颖片背部平滑，边缘膜质，顶端较钝；外稃顶端具芒，芒长1～2毫米；内稃约等长于外稃；花药椭圆形。花果期7～9月。生高山草甸、山坡草地、河滩湿草地、林间草丛、沼泽草甸；海拔2500～5300米。产仲巴、萨嘎、拉萨、当雄、那曲、安多、类乌齐；甘肃、青海、四川；印度西北部及喜马拉雅山区。

野青茅属 *Deyeuxia*

053 藏野青茅
Deyeuxia tibetica

植株具细弱根茎。秆直立或基部稍膝曲，高10～20厘米，紧接花序下密被短毛。叶舌膜质，粗糙或被小刺毛，长2～4毫米；叶片秆生者长1～2.5厘米，基生者长4～8厘米。圆锥花序紧密呈穗状，长3厘米，主轴及分枝密被柔毛。小穗紫色带黄褐色，长4.5～6毫米；两颖近等长，背部密生柔毛；外稃长4毫米，基盘之柔毛长3毫米，芒自稃体基部伸出，长5～8毫米；内稃近等长于外稃。花期7～8月。生于山坡草地；海拔3000～5000米。产昌都（巴龙）、朗县、亚东（帕里）、定日；印度。

054 林芝野青茅
Deyeuxia nyingchiensis

多年生草本。丛生，秆直立，平滑无毛，高50～80厘米，具2～3节。叶鞘平滑或微糙涩；叶舌薄膜质，顶端撕裂；叶扁平或纵卷，两面粗糙，长10～15厘米，宽1～3毫米。圆锥花序疏松开展，长7～12厘米，宽5～8厘米，分枝3～6枚簇生，开展或斜升，细弱。小穗长5～7毫米，紫色；颖片窄披针形；两颖近等长；外稃顶端齿裂，芒细直，长4毫米；内稃短于外稃1/3；花药淡褐色。花期8月。生于山坡草地，海拔（3500）3800～4000米。产于察隅、林芝。

异燕麦属 *Helictotrichon*

055 藏山燕麦
Helictotrichon tibeticum

多年生。秆直立，丛生，高15～70厘米，具2～3节。叶舌顶端具纤毛；叶片质硬，常内卷如针，长1～5厘米，宽1～2毫米，基部分蘖者长可达30厘米。圆锥花序紧缩呈穗状，卵形或长圆形，黄褐色或稍带深褐色，长2～6厘米；小穗含2～3小花，长约1厘米；第一颖具1脉，长7～9毫米，第二颖具3脉，较第一颖稍长；第一外稃常具7脉，顶端2齿裂，芒长1～1.5厘米，膝曲，芒柱扭转；内稃短于外稃。颖果顶端具茸毛。花果期6～9月。生河谷沙地、阴坡草丛及灌丛下；海拔3800～4600米。产类乌齐、比如、那曲；新疆（天山）青海、甘肃、四川。

早熟禾属 *Poa*

056 胎生早熟禾
Poa attenuata var. *vivipara*

多年生草本。秆丛生，高20～30厘米，有1～2节。叶鞘长于节间；叶舌长1.5～3毫米；叶片扁平，长4～6厘米，宽约1毫米，顶端渐尖。圆锥花序狭窄，长3～6厘米；分枝直立粗糙，长1～2厘米，下部裸露；有胎生小穗；小穗柄短于其小穗；小穗紫色，含2～3花；颖狭披针形，顶端渐尖成尾状；外稃顶端膜质，尖；内稃脊上具短纤毛。花果期7～9月。生山坡草地；海拔4500～5500米。产察隅、巴青、工布江达、安多、仲巴；陕西、甘肃、青海、四川、新疆。

057 中亚早熟禾
Poa litwinowiana

秆直立，丛生，高10～20厘米。叶舌长1～3毫米；叶片长2～6厘米，宽1～1.5毫米。圆锥花序狭窄，紧缩，长3～5厘米，宽约1厘米；分枝长0.5～1厘米，孪生；小穗含2～3花，带紫色；第一颖长2～2.5毫米，具3脉，椭圆形，顶端尖；第二颖长2.5～3毫米，具3脉；第一外稃长约3毫米，边脉和脊的下部具柔毛或无毛；内稃脊上粗糙。生于山坡草地或草甸；海拔3000～5500米。产八宿、类乌齐、林芝、隆子、错那、措美、乃东、当雄、那曲、比如、巴青、亚东、康马、南木林、申扎、班戈、双湖、拉孜、定日、昂仁、聂拉木、吉隆、萨嘎、仲巴、措勤、改则、普兰、札达、噶尔、革吉、日土；甘肃、青海、新疆；俄罗斯（南部）、伊朗、阿富汗、巴基斯坦、尼泊尔、不丹及印度（北部）。

针茅属 *Stipa*

058 疏花针茅
Stipa penicillata

秆高30～70厘米，具2～3节。叶鞘粗糙，叶舌披针形，长3～7毫米；叶片纵卷如线状，长10～20厘米，分蘖者长达30厘米。圆锥花序开展，长15～25厘米，分枝孪生，下部裸露，上部疏生2～4个小穗；小穗紫色或绿色，颖披针形，长9～10（～14）毫米；外稃长6～8毫米，背部遍生柔毛，芒两回膝曲（膝弯有时不显著），第一芒柱长4～7毫米，第二芒柱长4～5毫米，两者同具2～3毫米长的羽毛，芒针长10～18毫米。颖果长约5毫米。花果期6～9月。生灌丛草原；海拔3900～5000米。产八宿、察隅、聂拉木、班戈、申扎、双湖、改则、定日、仲巴；甘肃、四川（西部）、青海、陕西（太白山）、新疆等省区。为草原和草甸草原的优良牧草。

059 丝颖针茅
Stipa capillacea

秆高20～50厘米，具2～3节。叶鞘光滑，长于节。叶舌长约0.6毫米，平截，缘具纤毛；叶片纵卷，分蘖叶常对折。圆锥花序紧缩，其顶端的芒常扭结如鞭状，长14～18厘米，分枝向上伸，长2～3厘米；小穗淡绿色或淡紫色；颖细长披针形，先端细线状，长2.5～3厘米；外稃长约1厘米；芒两回膝曲，芒针长约6厘米，常直伸。花果期7～9月。生于山坡灌丛、草地；海拔3000～4000米。西藏普遍分布，从东部的昌都、拉萨到错那、亚东、那曲、改则、仲巴、革吉、噶尔、普兰；四川、甘肃、青海。

060 紫花针茅
Stipa purpurea

秆细瘦，高20～45厘米，具2～3节。叶鞘平滑无毛；分蘖叶舌端钝，长约1毫米，秆生叶舌披针形，长3～6毫米；叶片纵卷，细线形，下面粗糙，分蘖叶长为秆高1/2。圆锥花序常包于叶鞘内，长达15厘米，分枝单生或孪生；小穗紫色，颖披针形，先端渐尖，长1.3～1.8厘米；外稃长1厘米；芒两回膝曲，芒针长5～6厘米。花果期7～9月。生于山坡草原、沙质河滩、冲积平原；海拔4000～5000米。产江达、曲松、当雄、错那、亚东、南木林、吉隆、申扎、班戈、革吉、噶尔、日土、双湖；甘肃、青海、新疆、四川（西北部）；克什米尔。是草原及草甸草原的主要牧草，马最喜食。

仲彬草属 *Kengyilia*

061 梭罗草
Kengyilia thoroldiana

秆密丛生，高12～15厘米，无毛，1～2节。叶鞘稍短于节间，无毛，叶舌长约0.5毫米；叶内卷似针，长2～5厘米，分蘖叶片长达8厘米，近基部疏生柔毛，下面无毛。穗状花序卵圆形或长圆状卵圆形，长3～4厘米，宽1～1.5厘米；小穗紧密排列而偏于穗轴一侧，具4～6小花，长1～1.3厘米；颖长圆状披针形，顶端尖，被柔毛，上部毛密，第一颖长5～6毫米，3（4）脉，第二颖长6～7毫米，5脉；外稃密被长柔毛，5脉，第一外稃长7～8毫米，芒长1～2.5毫米；内稃稍短于外稃，先端下凹或2裂；花药黑色。花果期7～9月。生于山坡草地、谷底多沙处以及河岸坡地、滩地；海拔4700～5100米。产甘肃、青海、西藏等省（自治区）。

十二、罂粟科 Papaveraceae

角茴香属 *Hypecoum*

062 细果角茴香
Hypecoum leptocarpum

一年生草本。高达60厘米。茎丛生，多分枝。基生叶窄倒披针形，长5～20厘米，叶柄长1.5～10厘米，二回羽状全裂，裂片4～9对，宽卵形或卵形；茎生叶具短柄或近无柄。花瓣淡紫色或白色。蒴果直立，圆柱形，长3～4厘米。花果期6～9月。生山坡、草地、山谷、河滩、砾石坡、砂质地；海拔3800～5000米。产河北（西北部）、山西、内蒙古、陕西、甘肃、青海、新疆、四川（西部）、云南（西北部）、西藏；蒙古和印度（北部）。

绿绒蒿属 *Meconopsis*

063 多刺绿绒蒿
Meconopsis horridula

一年生草本。全体被黄褐色或淡黄色、坚硬而平展的刺，刺长0.5～1厘米。叶全部基生，叶片披针形，长5～12厘米，宽约1厘米，先端钝或急尖，边缘全缘或波状。花莛5～12或更多；花单生于花莛上，半下垂；花瓣5～8，有时4，宽倒卵形，蓝紫色。蒴果倒卵形或椭圆状长圆形，长1.2～2.5厘米。花果期6～9月。生于草坡；海拔3600～5100米。产甘肃（西部）、青海（东部至南部）、四川（西部）、西藏（广泛分布）；尼泊尔、印度（北部）、不丹。

064 全缘叶绿绒蒿
Meconopsis integrifolia

一年生至多年生草本。全体被锈色和金黄色平展或反曲、具多短分枝的长柔毛。茎粗壮，高达150厘米，具纵条纹。基生叶莲座状，其间常混生鳞片状叶，叶片倒披针形、倒卵形或近匙形，先端圆或锐尖，基部渐狭并下延成翅，边缘全缘；茎生叶类似基生叶但略小。通常4～5花，稀达18花，生叶腋内；花瓣6～8，近圆形至倒卵形，黄色或稀白色。蒴果宽椭圆状长圆形至椭圆形，长2～3厘米。花果期5～11月。生灌丛下、山坡、草甸；海拔3800～5000米。产芒康、左贡、昌都、类乌齐、索县、林芝、察隅；云南（西北部及东北部）、四川（西部及西北部）、甘肃（南部）、青海（东北部）；缅甸（东北部）。

065 总状绿绒蒿
Meconopsis racemosa

一年生草本；高达50厘米。茎不分枝，有时具花葶，叶基宿存。基生叶长圆状披针形或倒披针形，稀窄卵形或线形，长5～20厘米，全缘或波状；下部茎生叶同基生叶，上部茎生叶长圆状披针形或线形，全缘。总状花序；花梗长2～5厘米；花瓣5～8，倒卵状长圆形，蓝色或蓝紫色。稀红色。果卵圆形或长卵圆形，长0.5～2厘米。花果期5～11月。草坡、石坡有广泛分布，有时生于林下；海拔3000～4900米。产云南（西北部）、四川（西部和西北部）、西藏、青海（南部和东部）、甘肃（南部）。

紫堇属 *Corydalis*

066 斑花黄堇
Corydalis conspersa

丛生草本；高达30厘米。根茎短，簇生棒状肉质须根。基生叶多数，叶柄与叶片近等长，基部鞘状，叶二回羽状全裂，裂片椭圆形或卵圆形；茎生叶多数，与基生叶同形，较小。总状花序头状，多花密集；花稍俯垂；花淡黄色或黄色，具褐色斑点。蒴果长圆形或倒卵圆形，长约1厘米。花果期7～9月。生多石河岸和高山砾石地；海拔3800～5700米。产西藏（东部和中部），如类乌齐、昌都、左贡、当雄、拉萨、拉孜、妥坝、伸巴、索县）；甘肃（西南部）、青海（中南部）、四川（西北及西部）。

067 糙果紫堇
Corydalis trachycarpa

草本；高达50厘米。须根成簇，棒状，具少数纤维状须根。基生叶少，叶柄长达10厘米，叶片二至三回羽状分裂，小裂片窄倒卵形、窄倒披针形或窄椭圆形；茎生叶1～4。总状花序生于枝顶，长3～10厘米，多花密集；花瓣紫色、蓝紫色、紫红色、白色或淡黄色。蒴果窄倒卵形，长0.8～1厘米。花果期4～9月。生高山砾石灌丛草甸近水处；海拔3500～4800米。产西藏（东北部，如类乌齐、比如、索县、昌都、江达）、甘肃、青海（东部）、四川（西北部至西南部）。

068 草黄堇
Corydalis straminea

多年生丛生草本；高达60厘米。主根粗大，顶部具鳞片及叶柄残基。茎具棱，中空，上部分枝。基生叶长约茎1/2，具长柄，叶二回羽状全裂，小裂片披针形；茎生叶与基生叶同形。总状花序多花、密集，长3～10厘米；花草黄色。蒴果线形，长达1.5厘米。花果期6～9月。生针叶林下或林缘；海拔2600～3800米。产索县；青海（东部，如海晏、大通、安多）、甘肃（西南部，如夏河、卓尼、洮河流域）、四川（西北部，如松潘）。

069 昌都紫堇
Corydalis chamdoensis

稍粗壮弯曲草本；高10～30厘米。须根多数成簇，棒状增粗。茎3～5，上部粗壮，具疏离互生的叶。基生叶未见；茎生叶3～5枚，叶片轮廓宽卵形，长6～10厘米，三回羽状分裂，末回裂片狭椭圆形或倒披针形。总状花序生于茎和分枝先端，长达8厘米，多花，密集；花瓣纯黄色。蒴果未见。据CVH青海杂多县（吴玉虎34507号，HNWP）的标本判断，其蒴果形状为窄倒卵形，长约1厘米。花果期6～9月。生山坡；海拔4000米。产西藏（东北部，江达至昌都）。

070 粗糙黄堇
Corydalis scaberula

多年生草本；高达15厘米。须根棒状，6～20条成簇。茎1～4，上部具叶。基生叶少，叶柄长5～11厘米，叶三回羽裂，下面被软骨质粗糙柔毛；茎生叶2，近对生，具短柄。总状花序长2.5～5厘米，多花密集；花瓣淡黄带紫色，橙黄色。蒴果长圆形，长约8毫米。花果期6～9月。生高山砾石坡；海拔4700～5100米。产安多、昌都、江达；甘肃、青海、四川。

071 假塞北紫堇
Corydalis pseudoimpatiens

二年生草本。铺散，高50厘米以上。主根长约3厘米，具少数纤细状分枝。茎直立，具分枝。茎生叶多数，疏离，互生，叶片轮廓卵形，三回三出分裂，小裂片长圆形或狭倒卵状长圆形，先端急尖，具白粉。总状花序生于茎和分枝先端，多花，先密后疏；花瓣黄色。蒴果狭圆柱形至椭圆形，长7～8毫米，稍压扁，略呈念珠状。花果期6～9月。生亚高山针叶林下或山坡路旁；海拔2500～4000米。产甘肃（南部至中部）、青海（东部至南部）、四川（西北部至西南部）和西藏（东部）。

072 尖突黄堇
Corydalis mucronifera

垫状草本；高约5厘米。具主根。根茎具丛生枝。基生叶长达5厘米，叶片轮廓近圆形，长约1厘米，三出羽状分裂或掌状分裂，末回裂片长圆形或倒卵形；茎生叶与基生叶相似而略小。花序伞房状，具少花；花冠黄色，内花瓣先端暗绿色。蒴果椭圆形，长约6毫米。花果期6～9月。生高山砂砾地或流石滩上；海拔4200～5300米。产巴青、那曲、安多、乃东（泽当）、隆子、拉萨、双湖、日土；新疆（东部）、甘肃（西部）、青海（南部）。

073 金球黄堇
Corydalis chrysosphaera

半圆形垫状草本，黄绿色，具粉霜；高5～13厘米。具主根。茎多数，分枝具叶，近肉质，肉红色。叶黄绿色；基生叶长4～7厘米，具长柄；叶片二回三出，约长1.3厘米，宽1厘米，末回裂片长圆形，顶端具长芒状尖突。总状花序生茎、枝顶端，少花，密集，伞房状；花亮黄色，顶端暗紫色。蒴果卵圆形，长约4毫米。花果期6～9月。生河滩地；海拔3000～5500米。产西藏（拉萨、嘉黎、索县、巴青、类乌齐）。

074 拟锥花黄堇
Corydalis hookeri

多年生丛生草本；高达50厘米。主根圆柱形。根茎较细，疏被褐色披针形鳞片。茎具叶，分枝。基生叶少，长8～10厘米；叶二回羽状全裂，裂片倒卵形；茎生叶3～5，与基生叶同形。复总状圆锥花序顶生；花冠暗黄色。蒴果卵圆形或长圆形，长6～8毫米。花果期6～9月。生高山草原或流石滩；海拔3700～5000米。广布西藏草原及荒漠草原地区；尼泊尔。

075 条裂黄堇
Corydalis linarioides

多年生草本；高达50厘米。块根3～6，纺锤状，肉质。基生叶少数，叶二回羽状分裂，小裂片线形，下面被白粉；茎生叶2～3，叶一回奇数羽状全裂，裂片3对，线形，全缘。总状花序多花，先密后疏。花黄色。蒴果长圆形，长约1.2厘米，反折。花果期6～9月。生林下、林缘、灌丛下、草坡或石缝中；海拔3900～4700米。产昌都、类乌齐、丁青、比如、林芝、当雄、拉萨；青海（东部）、四川（西北部）、甘肃（东南部）、陕西（西部）。

076 狭距紫堇
Corydalis kokiana

草本；高达40厘米。须根棒状，8～14条成簇。基生叶少，叶三回三出全裂至浅裂，裂片倒卵形或倒披针形；茎生叶1～3，与基生叶相同。总状花序生于枝顶，长3～10厘米，具12～30花；花瓣蓝色。蒴果圆柱形，长约1.5厘米，俯垂，深褐色。花果期5～9月。生林下、流石滩灌丛和草甸；海拔3100～4700米。产左贡、八宿、察雅、江达；四川（西部）和云南（西北部）。

077 皱波黄堇
Corydalis crispa

多年生草本。高达50厘米。主根长，具少数分枝。基生叶数枚，叶三回三出分裂；茎生叶多数，叶三出分裂，小裂片卵形或披针形。总状花序顶生，长4～6厘米，多花密集；花冠黄色。蒴果圆柱形，长5～7毫米。花果期6～10月。生山坡草地、高山灌丛、高山草地或路边石缝中；海拔3100～5100米。广布于西藏除阿里和羌塘外的地区；不丹（西部）。

十三、星叶草科 Circaeasteraceae

星叶草属 *Circaeaster*

078 星叶草
Circaeaster agrestis

一年生小草本；高3～10厘米。宿存的2子叶和叶簇生；子叶线形或披针状线形；叶菱状倒卵形、匙形或楔形，长0.35～2.3厘米，基部渐狭，边缘上部有小牙齿，齿顶端有刺状短尖。花小，萼片2～3，狭卵形；雄蕊1～2（3），花药椭圆球形；心皮1～3，子房长圆形，花柱不存在，柱头近椭圆球形。蒴果狭长圆形或近纺锤形，长2.5～3.8毫米，有或无钩状毛。花期4～6月。生于山地石下、林边、云杉林或高山栎林中；海拔3400～4000米。产类乌齐、波密、察隅、林芝、工布江达、朗县；云南（西北部）、四川（西部）、陕西（南部）、甘肃、青海、新疆（西部）；不丹、尼泊尔、印度（西北部）。

十四、小檗科 Berberidaceae

小檗属 *Berberis*

079 近似小檗 *Berberis approximata*

落叶灌木；高1～1.5米。老枝棕黑色，具条棱，幼枝带红褐色。茎刺3分叉，灰色或淡黄色，长1～2.1厘米。叶纸质，狭倒卵形、倒卵形或狭椭圆形，长1～2.2厘米，宽4～7毫米，先端圆形或急尖，基部楔形，全缘或每边具1～7刺齿。花单生，黄色，花梗长3～7毫米，萼片2轮，外萼片椭圆形，内萼片倒卵形；花瓣倒卵形或椭圆形。浆果卵球形，红色，长8～10毫米，顶端具宿存短花柱。花期5～6月，果期9～10月。生山坡灌丛中、山坡、林缘或林中；海拔3500～4300米。产昌都、芒康、贡觉、林周；云南、四川、青海。

080 锡金小檗 *Berberis sikkimensis*

半常绿灌木；高1.5～2.5米。老枝暗灰色，具稀疏疣点，幼枝淡黄色，具棱槽。茎刺3分叉，长0.5～2厘米，淡黄色。叶革质，倒卵形或倒卵状椭圆形，长1.5～2.7厘米，宽5～10毫米，先端急尖或圆钝，具1刺尖头，基部楔形，全缘或每边具1～5刺齿。圆锥花序或总状花序具3～20花，长3～5厘米；花梗长4～8毫米；花黄色，萼片2轮，外萼片卵形，内萼片阔椭圆形；花瓣倒卵形。浆果狭卵形，暗红色，长约1.5厘米，常微弯曲。花期5～6月，果期7～8月。生林内，林缘或灌丛中；海拔2000～3000米。产聂拉木、樟木、定日、定结、吉隆；尼泊尔、印度（北部）、不丹。

桃儿七属 *Sinopodophyllum*

081 桃儿七
Sinopodophyllum hexandrum

多年生草本；植株高20～50厘米。茎直立，单生，具纵棱。叶2枚，薄纸质，非盾状，基部心形，3～5深裂几达中部，裂片不裂或有时2～3小裂，裂片先端急尖或渐尖，边缘具粗锯齿。花大，单生，先叶开放，两性，整齐，粉红色；花瓣6，倒卵形，粉红色，边缘波状，长2.5～3.5厘米，先端略呈波状；雄蕊6；雌蕊1，长约1.2厘米，子房椭圆形，侧膜胎座，含多数胚珠，柱头头状。浆果卵圆形，长4～7厘米，熟时橘红色。花期5～6月，果期7～9月。生林下、林缘湿地、灌丛中或草丛中；海拔2700～4300米。产昌都、察隅、波密、林芝、米林、亚东、定结、隆子、吉隆；甘肃、陕西、云南、四川；尼泊尔、不丹、印度（北部）、巴基斯坦、阿富汗（东部）、克什米尔。

十五、毛茛科 Ranunculaceae

驴蹄草属 *Caltha*

082 花莛驴蹄草
Caltha scaposa

植株全部无毛；茎高约达15厘米。无叶或有1叶。基生叶具长柄，叶片心状卵形或三角状卵形，长1～3厘米，宽1.2～2.8厘米，顶端圆形，基部心形，边缘全缘，有时下部有疏齿。花单生茎顶端，或2花形成单歧聚伞花序；萼片5～7，黄色，倒卵形或椭圆形；心皮5～8。蓇葖长1～1.6厘米。5～7月开花。生高山草地、沼泽、河边草地；海拔3000～5400米。产察雅、芒康、八宿、左贡、嘉黎、巴青、林芝、加查、拉萨、亚东、定结、聂拉木、吉隆；云南（西北部）、四川（西部）、青海（南部）、甘肃（南部）；印度（东北部）、不丹、尼泊尔。

金莲花属 *Trollius*

083 矮金莲花
Trollius farreri

植株无毛；茎高达17厘米。叶3～4枚，全基生或近基生，叶片五角形，长0.8～1.1厘米，宽1.4～2.6厘米，3全裂近基部，中央深裂片菱形，3裂，边缘有锐齿，侧深裂片斜扇形，不等2深裂稍超过中部。单花顶生，萼片5（～6），黄色，外面常带暗紫色，宽倒卵形，先端圆；心皮6～9（25）。聚合果径约8毫米，蓇葖长0.9～1.2厘米。花期6～7月，果期8月。生山地草坡；海拔4700～5600米。产昌都、丁青、类乌齐、比如、索县；云南（西北部）、四川西部、青海（东部）、甘肃、陕西（南部）。

084 毛茛状金莲花
Trollius ranunculoides

植株无毛；高达18～30厘米。基生叶多数，茎生叶1～3；叶圆五角形或五角形，长1～1.5（2.5）厘米，宽1.4～2.8（4.2）厘米，3全裂，中裂片宽菱形或菱状宽倒卵形，3深裂至中部或稍过中部，深裂片倒梯形或斜倒梯形，2～3裂，侧裂片斜扇形，不等2深裂近基部。单花顶生，萼片5～8，黄色，倒卵形，先端圆或近平截，脱落；花瓣较雄蕊稍短，匙状条形；蓇葖长约1厘米。花期5～7月，果期8月。生高山草甸、河边或云杉林下；海拔3500～4600米。产昌都、江达、芒康、左贡、八宿、类乌齐、嘉黎、林芝；云南（西北部）、四川（西部）、甘肃（西南部）。

乌头属 *Aconitum*

085 伏毛铁棒锤
Aconitum flavum

茎高约40厘米，上部疏被短曲柔毛。叶片肾状五角形，长约3厘米，宽约4厘米，3全裂，全裂片二至三回细裂，末回裂片条形，边缘有短柔毛，两面近无毛。总状花序有密集的花；轴和花梗密被贴伏的反曲的短柔毛；萼片暗紫蓝色，外面密被贴伏的短曲柔毛，上萼片船形，侧萼片斜宽倒卵形，下萼片狭椭圆形；花药蓝黑色；心皮5。蓇葖无毛，长1.1～1.7厘米。7～8月开花。生高山草地；海拔4000～4700米。产安多、班戈、墨竹工卡；四川（西北部）、青海、甘肃、宁夏（南部）、内蒙古（南部）。

露蕊乌头属 *Gymnaconitum*

086 露蕊乌头
Gymnaconitum gymnandrum

茎高（6～）25～55（～75）厘米，被短柔毛，常分枝。叶片宽卵形或三角状卵形，长3.5～6.4厘米，宽4～5厘米，3全裂，中央全裂宽卵形，2回细裂，侧全裂片斜菱形，不等2深裂。总状花序有6～11花；萼片蓝紫色，外面疏被柔毛，上萼片船形，侧萼片近圆形；心皮6～15，子房被柔毛。6～8月开花。生高山草地、灌丛或青稞田；海拔3200～4300米。产江达、昌都、贡觉、类乌齐、那曲、工布江达、墨竹工卡、隆子、错那、亚东、萨迦、昂仁、聂拉木；四川（西部）、青海、甘肃；印度（北部）。

087 工布乌头
Aconitum kongboense

茎高达1.8米，与花序均被反曲的短柔毛。叶片心状卵形或五角形，长及宽均达15厘米，3全裂，中央全裂片菱形，中部以上近羽状分裂，侧全裂片不等2深裂。顶生总状花序长达40厘米，有多数花；萼片白色或淡紫色，外面被短柔毛或近无毛，上萼片盔形；花瓣疏被短柔毛，距近球形，向后弯曲；心皮3～5，无毛或疏被短柔毛。7～8月开花。生高山草地、灌丛或栎林；海拔3260～4300米。产贡觉、拉萨、工布江达、林芝、朗县、错那；四川（西部）。

088 铁棒锤
Aconitum pendulum

茎高20～40厘米，被短柔毛。叶多少密集；叶片五角形，长约4.5厘米，宽约5厘米，3全裂，全裂片二至三回细裂，末回裂片线形。总状花序狭长，有8～35花；萼片紫色，带黄褐色或绿色，上萼片镰形或船状镰形；心皮5。蓇葖长1.1～1.4厘米。8～9月开花。生高山草甸、多石砾山坡；海拔4200～4900米。产昌都、八宿、比如、索县、安多、那曲、错那；云南（西北部）、四川（西部）、青海、甘肃、陕西（南部）。

089 甘青乌头
Aconitum tanguticum var. *trichocarpum*

茎高约30厘米，疏被反曲并贴伏的短柔毛。基生叶约7枚，有长柄；叶片圆肾形，长1～3厘米，宽2～6.8厘米，基部深心形，3深裂，深裂片互相稍覆压，边缘有圆牙齿；茎生叶1～2，较小，具短柄。总状花序有3～5花；萼片蓝紫色，偶尔淡绿色，外面被短柔毛，上萼片船形，侧萼片圆倒卵形；心皮5，被毛。8月开花。生高山草甸灌丛或流石滩草地；海拔4000～5000米。产昌都（妥坝）、巴青、比如；云南（西北部）、四川（西部）、青海（东部）、甘肃（南部）。

翠雀属 *Delphinium*

090 白蓝翠雀花
Delphinium albocoeruleum

茎高达60（100）厘米，被反曲柔毛。基生叶开花时不枯萎或枯萎；茎生叶五角形，长（1.4）3.5～5.8厘米，宽（2）5.5～10厘米，3裂至基部；伞房花序具3～7花；萼片蓝紫色或蓝白色，长2～2.5（3）厘米，被柔毛，距圆筒状钻形或钻形，长1.7～2.5（3.3）厘米；心皮3。蓇葖长约1.4厘米。花期7～9月。生山地草坡或圆柏林下；海拔3600～4700米。产比如；四川（西北部）、青海（东部）和甘肃。

091 单花翠雀花
Delphinium candelabrum var. *monanthum*

茎埋于石砾中，长6（25）厘米。叶在茎露出地面处丛生，有长柄；叶片肾状五角形，宽1～2厘米，3全裂，中全裂片宽菱形，侧全裂片近扇形，一至二回细裂。花梗3～6条自茎端与叶丛同时生出，长5～7厘米；花大；萼片蓝紫色，卵形，外面有黄色短柔毛，距比萼片稍长或与萼片近等长，钻形，直或稍向下弧状弯曲；心皮3，子房被毛。8月开花。生于高山草坡；海拔4900～5300米。产丁青、比如、安多；四川（西北部）、青海、甘肃（西南部）。

092 光茎短距翠雀花
Delphinium forrestii var. *viride*

茎高达35厘米，密或疏被开展的短糙毛，不分枝。基生叶和茎下部叶3～4，具长柄；叶片肾形，长4～5.5厘米，宽6.5～12厘米，3深裂稍超过中部，中央深裂片菱状倒卵形，3浅裂，边缘有小裂片及卵形牙齿，侧深裂片大，斜扇形，不等3裂近中部。总状花序通常长约8厘米，中部以上有密集的花；萼片淡蓝色或淡绿色，外面疏被短糙毛，有紫色脉，上萼片宽卵形，距狭圆锥形；心皮3。生山地草坡或沟边草地；海拔3100～3800米。产察隅（察瓦龙）；云南（西北）。

093 黄毛翠雀花
Delphinium chrysotrichum

茎高达20厘米，疏被开展柔毛，不分枝，或下部具1（~2）分枝。叶肾形或圆肾形，长（1.2~）1.6~3.2厘米，宽（2~）2.9~5.2厘米，3深裂近基部。伞房花序具2（~4）花；萼片紫色，密被淡黄色长柔毛，上萼片船状圆卵形，距较萼片短或近等长，圆锥状或圆锥状钻形；心皮3，子房被柔毛。蓇葖果长约1.7厘米。花期8~9月。生山地多石砾山坡；海拔4200~5000米。产八宿、朗县、比如；四川（西部）。

094 灰花翠雀花
Delphinium tephranthum

草本；高8~16厘米。茎无毛，不分枝，有2~3叶。基生叶1，花期枯萎；茎生叶无毛；叶片近革质，肾形，长1.4~2.6厘米，宽1.8~4.6厘米，3深裂，中央深裂片倒卵形，3浅裂，侧深裂片较大，扇形，不等2中裂。伞房花序顶生，有2~3花；萼片灰色，外面密被短柔毛，上萼片船状宽卵形，距细圆锥形；退化雄蕊黑色；心皮3。7~8月开花。生山坡灌丛草甸；海拔4800米。产西藏昌都。

095 蓝翠雀花
Delphinium caeruleum

茎高8～40厘米，分枝，与叶柄及花梗被反曲的短柔毛。基生叶具长柄，叶片心状圆形，宽1.8～5厘米，3全裂，中央全裂片倒卵形或菱状倒卵形，二回细裂，侧全裂片三回细裂，末回裂片线形。花序近伞状，有1～7花；萼片紫蓝色，椭圆状倒卵形或椭圆形，外面被短柔毛，距钻形；心皮5，子房密被短柔毛。蓇葖长1.1～1.3厘米。7～9月开花。生高山草地、多石砾山坡、砂砾地或田中；海拔4000～5400米。产比如、安多、申扎、拉萨、乃东（泽当）、林周、墨竹工卡、康马、江孜、萨迦、南木林、吉隆、仲巴、普兰、札达、噶尔；四川（西部）、青海、甘肃；不丹、尼泊尔、印度（西北部）。

096 毛翠雀花
Delphinium trichophorum

茎高达65厘米。叶3～5生于茎基部或近基部，具长柄；叶肾形或圆肾形，长2.8～7（～10）厘米，宽达13（～15）厘米，3深裂，深裂片覆叠或稍分开。总状花序窄长；萼片淡蓝或紫色，两面被长糙毛，上萼片船状卵形，距下垂；心皮3，子房密被平伏短毛；蓇葖长1.8～2.8厘米。花期8～10月。生山坡草地、灌丛、林下、河滩或多石砾山坡；海拔3350～4600米。产江达、昌都（妥坝）、比如、巴青；四川（西部）、青海（东部）、甘肃（南部）。

097 囊距翠雀花
Delphinium brunonianum

茎高10～22厘米，被开展白色柔毛。叶肾形，长2.2～4.2厘米，宽5.2～8.5厘米，基部骤窄呈楔形，掌状深裂或达基部，二回裂片覆叠或靠接，具缺刻状小裂片及粗牙齿。伞房花序具2～4花；萼片蓝紫色，上萼片船状圆卵形，两面被绢状柔毛，距囊状或圆锥状；心皮4～5，子房疏被毛；蓇葖长约1.6厘米。花期8月。生草地或多石处；海拔4500～6000米。产拉萨、林周、尼木、南木林、定日；尼泊尔、克什米尔至阿富汗。

098 展毛翠雀花
Delphinium kamaonense var. *glabrescens*

茎高达50（～70）厘米，被极稀疏开展柔毛。叶片圆五角形，宽5～6.5厘米，3全裂近基部，中全裂片楔状菱形，3深裂，侧全裂片扇形。花序通常复总状，有多数花；萼片深蓝色，椭圆形或倒卵状椭圆形，距钻形，比萼片长，稍向上弯曲；心皮3，子房密被长柔毛。蓇葖长约1厘米。6～8月开花。生高山草地；海拔2500～4200米。产江达、昌都、察雅、类乌齐、波密、林芝、米林、巴青、索县；四川（西北部）、甘肃（西南部）、青海（东南部）。

拟耧斗菜属 *Paraquilegia*

099 拟耧斗菜
Paraquilegia microphylla

多年生草本。叶多数，通常为二回三出复叶；叶片轮廓三角状卵形，宽2～6厘米，中央小叶宽菱形至肾状宽菱形，3深裂，末回裂片狭披针形、线形或狭卵形。花莛高4～14厘米；萼片红紫色或紫色，倒卵形；花瓣黄色，狭倒卵形；心皮（3～）5～7（～8）。蓇葖长6～11毫米，有横脉。花期6～8月。生陡崖岩石上；海拔3700～5200米。产江达、昌都、八宿、察隅、比如、嘉黎、加查、林周、达孜、拉萨、南木林、定日；云南（西北部）、四川（西部）、甘肃（西南部）、青海、新疆（西部）；克什米尔、尼泊尔、不丹、印度（北部）、蒙古、南西伯利亚地区。

唐松草属 *Thalictrum*

100 直梗高山唐松草
Thalictrum alpinum var. *elatum*

多年生小草本。全部无毛。叶4～5枚或更多，均基生，为二回羽状三出复叶；叶片长1.5～4厘米；小叶薄革质，有短柄或无柄，圆菱形、菱状宽倒卵形或倒卵形，三浅裂，浅裂片全缘。花莛1～2条，高6～20厘米，不分枝；苞片小，狭卵形；花梗直，向外斜上方开展；萼片4，脱落，椭圆形；雄蕊7～10；心皮3～5，柱头约与子房等长，箭头状。瘦果狭椭圆形，稍扁。花期6～8月。生于高山草甸、灌丛中或云杉林下；海拔4000～5400米。产江达、类乌齐、左贡、波密、错那、比如、索县；云南、四川、青海、甘肃、陕西、山西、河北。

101 腺毛唐松草
Thalictrum foetidum

茎高达1米，无毛或被短柔毛。三回近羽状复叶，小叶草质，菱状宽卵形或卵形，长0.4～1.5厘米，3浅裂，疏生齿，被短柔毛及腺毛。圆锥花序多花或少花；萼片5，淡黄绿色，脱落，卵形；心皮4～8，子房疏被毛，柱头三角形，具宽翅。瘦果近扁平，半倒卵形，长3～5毫米。花期5～7月。生于山坡草地；海拔3500～4500米。产左贡、芒康、比如、波密、加查、隆子、错那、林周、拉萨、墨竹工卡、南木林、聂拉木、普兰、札达、改则；四川（西部）、青海、新疆、甘肃、陕西、山西、河北、内蒙古；喜马拉雅山区、亚洲北部和西部至欧洲广布。

102 芸香叶唐松草
Thalictrum rutifolium

茎高达50厘米。三至四回三出复叶；小叶草质，楔状倒卵形、菱形、椭圆形或近圆形，长3～8毫米，3裂或不裂，常全缘。复单歧聚伞花序窄长，总状；萼片4，淡紫色，早落，卵形；心皮3～5，具短柄，花柱短，无翅，腹面具柱头。瘦果下垂，稍扁，镰状半月形，长4～6毫米，果柄下弯。花期6～8月。生灌丛中、草坡、河边滩地或沙砾山坡；海拔4000～5150米。产昌都、江达、林芝、拉萨、南木林、日喀则、萨迦、定日、聂拉木、吉隆、那曲、日土；四川（西部）、青海、甘肃；克什米尔、尼泊尔、印度（北部）。

银莲花属 *Anemone*

103 草玉梅
Anemone rivularis

植株高达65厘米。基生叶3～5，具长柄；叶心状五角形，长2.5～7.5厘米，宽达14厘米，3全裂，中裂片宽菱形或菱状卵形，3深裂，具小齿，侧裂片斜扇形，不等2深裂，两面被糙伏毛。花莛1（～3）；聚伞花序（一或）二至三回分枝；花径（1.3）2～3厘米；萼片（6）7～8（～10），白色，倒卵形；心皮30～60，无毛，花柱钩曲。瘦果狭卵球形，稍扁，长7～8毫米，宿存花柱钩状弯曲。花期6～8月。生于高山草地、溪边或松林中；海拔2700～4100米。产江达、芒康、察雅、察隅、波密、林芝、米林、林周、拉萨、曲水、亚东、定结、聂拉木、普兰；云南、广西（西部）、贵州、湖北（西部）、四川、青海（东部）、甘肃（西南部）；不丹、尼泊尔、印度、斯里兰卡、缅甸。

104 叠裂银莲花
Anemone imbricata

植株高4～12（20）厘米。基生叶4～7，有长柄；叶片椭圆状狭卵形，长1.5～2.8厘米，宽1.1～2.2厘米，基部心形，3全裂，中全裂片有细长柄（长2～6毫米），3全裂或3深裂，侧全裂片不等3深裂，各回裂片互相多少覆压，背面和边缘密被长柔毛。花莛1～4，直立或渐升；萼片6～9，白色、紫色或黑紫色，倒卵状长圆形或倒卵形。瘦果扁平，椭圆形，长约6.5毫米，顶端有弯曲的短宿存花柱。花期5～8月。生高山草地或灌丛中；海拔4000～5300米。产昌都、江达、芒康、比如、索县、安多、班戈、拉萨、错那；四川（西北部）、青海、甘肃。

105 钝裂银莲花
Anemone obtusiloba

植株高10～30厘米。基生叶5～10，具长柄叶宽卵形，长0.8～2.2（3.2）厘米，基部心形，3全裂，中裂片宽菱形或菱状倒卵形，常3浅裂，疏生齿，侧裂片较小，具3齿。花莛1～5；萼片5，白、黄或蓝色，倒卵形；心皮20～30，子房密被柔毛，花柱短。瘦果窄卵球形，长约5毫米。花期5～7月。生高山草地或铁杉林下；海拔2900～3500米。产波密、聂拉木、吉隆；四川（西部）；不丹、尼泊尔、克什米尔、印度（北部）、缅甸。

106 疏齿银莲花
Anemone geum subsp. *ovalifolia*

高3.5～15（30）厘米。基生叶7～15；叶片肾状五角形或宽卵形，叶片长0.8～2.2（3.2）厘米，3全裂，叶的侧全裂片与中全裂近等大或稍小。花莛2～5，有开展的柔毛；花序有1花；萼片5，白色、蓝色或黄色；心皮20～30，子房密被白色柔毛，稀无毛。花期5～7月。生高山草地或灌丛边；海拔3500～5000米。产西藏、云南（西北部）、四川（西部）、青海、新疆（南部）、甘肃、宁夏、陕西、山西、河北（西部）。

107 条叶银莲花
Anemone coelestina var. *linearis*

植株高10～18厘米。基生叶5～10，有短柄或长柄；叶较狭，线状倒披针形、倒披针形或匙形，长3～6（～12）厘米，宽0.7～2厘米，基部渐狭，不分裂，顶端有3（～6）锐齿，偶尔全缘或不明显3浅裂。花莛1～4，有疏柔毛；萼片5（～6），白色、蓝色或黄色；心皮13～20，子房密被黄色柔毛。花期6～9月。生于高山草地或灌丛中；海拔3650～5000米。产昌都、芒康、丁青、八宿、林芝、工布江达、错那、拉萨、南木林、亚东、聂拉木；云南（西北部）、四川（西部）、青海（南部和东部）、甘肃（西南部）。

108 岩生银莲花
Anemone rupicola

植株高6～30厘米。基生叶3～4，有长柄；叶片心状五角形，长1.5～6厘米，宽2.4～11厘米，3全裂，中全裂片有短柄，菱形，3裂，侧全裂片斜菱形，2深裂近基部。花莛1；苞片2（～3），菱状卵形或宽卵形，3深裂；花梗1（～2）；萼片5，白色，倒卵形，外面有密柔毛；心皮90～120，生于球形的花托上，子房密被绵毛，花柱短，柱头扁球形。聚合果下垂，直径约1.8厘米；瘦果近椭圆球形。花期6～8月。生于山地石崖上或多石砾坡地；海拔3300～4200米。产察隅、波密、朗县、亚东（帕里）、聂拉木、吉隆；云南、四川；不丹、尼泊尔、印度（北部）。

109 展毛银莲花 *Anemone demissa*

植株高达45厘米。基生叶5～13，具长柄；叶卵形，长3～4厘米，宽3.2～4.5厘米，基部心形，3全裂，中裂片菱状宽卵形，3深裂，侧裂片较小。花莛与叶柄被开展长柔毛；花1～5朵；伞辐1～5；萼片5～6，蓝，稀白色，倒卵形；心皮无毛。瘦果扁平，椭圆形，长5.5～7毫米。花期6～7月。生高山草地、灌丛中、林间草地或疏林中；海拔3900～4800米。产昌都、江达、芒康、左贡、察隅、林芝、米林、朗县、林周、拉萨、南木林、亚东、定日、聂拉木、吉隆；四川、青海、甘肃；缅甸（北部）、不丹、印度（北部）、尼泊尔。

铁线莲属 *Clematis*

110 长花铁线莲 *Clematis rehderiana*

木质藤本。茎及分枝有6条纵棱。叶为一至二回羽状复叶，对生，长达20厘米，小叶通常7，宽卵形至狭卵形，长达4.5厘米，宽达5厘米，常3浅裂，边缘有不整齐牙齿。圆锥花序腋生，花萼狭钟形，淡黄绿色，萼片4，长圆状卵形，长1.5～2厘米，外面密被黄色短伏柔毛。瘦果卵圆形，长3～4毫米，被毛；宿存花柱长2～2.5厘米，羽毛状。花期7～9月。生于溪边、草坡及灌丛中；海拔3100～4200米。产芒康、江达、昌都、察隅、左贡、八宿、波密、那曲、索县；云南（西北部）、四川（西部）；尼泊尔。

111 甘青铁线莲 *Clematis tangutica*

木质藤本。茎约有6条纵棱。叶为一至二回羽状复叶，对生；小叶3～5，狭卵形、披针形或长椭圆形，长1～3厘米，宽0.5～1.4厘米，顶端急尖或微尖，边缘在中部以下或下部疏生锐牙齿，有时顶生小叶在下部不明显3浅裂。花通常单生枝端，具长梗，花萼钟形，黄色，萼片4，椭圆状卵形或椭圆形，长1.8～3厘米。瘦果倒卵形，长约4毫米，有长柔毛，宿存花柱长达4厘米。花期6～9月。生山坡上、河滩及水沟边；海拔3800～4900米。产昌都、比如、索县、那曲、申扎；四川（西北部）、甘肃、青海、新疆；哈萨克斯坦。

侧金盏花属 *Adonis*

112 蓝侧金盏花 *Adonis coerulea*

多年生草本。茎高3～15厘米，常在近地面处分枝。茎下部叶有长柄，上部的有短柄或无柄；叶片长圆形或长圆状狭卵形，少有三角形，长1～4.8厘米，宽1～2厘米，二至三回羽状细裂，羽片4～6对，稍互生，末回裂片狭披针形或披针状线形，顶端有短尖头。花直径1～1.8厘米；萼片5～7，倒卵状椭圆形或卵形；花瓣约8，淡紫色、淡蓝色或近白色，狭倒卵形，长5.5～11毫米，顶端有少数小齿。瘦果倒卵形。花期4～7月。生高山草地或灌丛中，海拔4300～5200米。产索县、安多、双湖；四川、青海、甘肃。

毛茛属 *Ranunculus*

113 川青毛茛
Ranunculus chuanchingensis

多年生小草本。茎高达6厘米。基生叶5，叶革质，扁圆形或圆倒卵形，长0.6～1.6厘米，宽1～2.6厘米，基部近平截或圆，3全裂或3深裂；茎生叶（1～）2。单花顶生；萼片5，卵形，紫色或紫褐色，长6～7毫米；花瓣5，扇状倒卵形或宽倒卵形，长1～1.6厘米；心皮多数，无毛。聚合果近球形；瘦果卵球形，无毛，喙直伸，长约1毫米。花期6～7月。生阳坡草甸；海拔4900米。产四川（西北部，如德格、雀儿山）、青海（玉树）。西藏新分布。

114 砾地毛茛
Ranunculus glareosus

多年生草本。茎高达15厘米，疏被柔毛。基生叶1～3，叶革质，卵形或五角形，长0.4～2厘米，宽0.6～1.8厘米，基部心形，3全裂，有时3深裂；茎生叶约2。花1～2朵顶生；萼片椭圆形，长4～6毫米，带紫色；花瓣5，倒卵形，长0.5～1厘米；聚合果卵球形，直径约8毫米。瘦果卵球形，喙直伸至外弯。花果期6月至8月。生高山流石滩的岩坡砾石间；海拔3600～5200米。产昌都、比如；云南（西北部）、四川（西部）及青海。

115 云生毛茛 *Ranunculus nephelogenes*

多年生草本。茎高达20～35厘米。基生叶4～9，叶卵形、长圆形、披针形或披针状线形，长0.9～3.7厘米，基部楔形、宽楔形或圆，全缘，稀具1齿，不裂，稀3裂；茎生叶披针状线形，不裂，渐小。单花顶生；萼片5，宽卵形，长3.5～5毫米；花瓣5～7，倒卵形，长6～8毫米；聚合果长圆形，直径5～8毫米。瘦果卵球形，长4～7毫米，无毛。花期3～8月。生高山草甸或灌丛、沼泽湿地及河边砾石沙地；海拔3000～5300米。产普兰、仲巴、吉隆、萨嘎、聂拉木、昂仁、定结、拉孜、拉萨、班戈、南木林、江孜、康马、仁布、林芝、嘉黎、比如、安多、察隅、波密、八宿、左贡、芒康、类乌齐、江达；云南（西北部）、四川（西部）、甘肃、青海；喜马拉雅山区。

116 高原毛茛 *Ranunculus tanguticus*

多年生草本。茎高达20（～30）厘米，被柔毛。基生叶5～10或更多，叶五角形或宽卵形，长0.8～1.5（～2.6）厘米，宽1～2（3.4）厘米，基部心形，3全裂。顶生花序2～3花；萼片5，窄椭圆形，长3～4毫米；花瓣5，倒卵形，长4.5～8.5毫米；聚合果长圆形，长6～8毫米，约为宽的2倍。瘦果倒卵状球形，长1～1.5毫米；宿存花柱长约0.8毫米。花期6～10月。生山坡或沟边沼泽湿地；海拔3000～4500米。产普兰、仲巴、吉隆、聂拉木、昂仁、拉孜、拉萨、南木林、江孜、亚东、仁布、康马、朗县、林芝、波密、察隅、芒康、左贡、八宿、昌都、类乌齐、丁青；云南、四川、陕西、甘肃、青海、山西及河北；印度（东北部）、克什米尔至中亚地区。

鸦跖花属 *Oxygraphis*

117 鸦跖花
Oxygraphis glacialis

植株高2～9厘米，有短根状茎。叶全部基生，卵形、倒卵形至椭圆状长圆形，长0.3～3厘米，宽5～25毫米，全缘，有3出脉。花葶1～3（5）条；花单生，直径1.5～3厘米；萼片5，宽倒卵形，长4～10毫米，近革质，果后增大，宿存；花瓣橙黄色或表面白色，10～15枚，披针形或长圆形，长7～15毫米，有3～5脉，基部渐狭成爪。聚合果近球形，直径约1厘米。瘦果楔状菱形，长2.5～3毫米，有4条纵肋，背肋明显，喙顶生。花果期6～8月。生高山草甸或高山灌丛中；海拔3600～5100米。产芒康、江达、左贡、洛隆、丁青、索县、比如、那曲、安多、双湖、定结、日土；云南（北部）、四川（西部）、陕西（南部）、甘肃、青海和新疆；西喜马拉雅地区至中亚和西伯利亚地区。

碱毛茛属 *Halerpestes*

118 三裂碱毛茛
Halerpestes tricuspis

多年生小草本。匍匐茎纤细伸长。叶多数基生，质地较厚，菱状楔形至宽卵形，长1～2厘米，为宽的2倍，3浅裂至3中裂或3深裂。花葶高2～4厘米或更高；花单生，直径7～10毫米；花瓣长约5毫米，顶端稍尖，聚合果直径约6毫米。瘦果20多枚，果喙细直或弯。花果期5～8月。生盐碱性沼泽、湖边泽地、河滩草甸及溪沟旁；海拔3400～5200米。产日土、札达、申扎、班戈、普兰、仲巴、吉隆、萨嘎、聂拉木、昂仁、康马、江孜、仁布、拉萨、昌都、八宿、丁青、那曲；四川（西北部）、陕西、甘肃、青海、新疆；不丹、尼泊尔、印度西北部至克什米尔、帕米尔地区和蒙古。

水毛茛属 *Batrachium*

119 水毛茛　扇叶水毛茛
Batrachium bungei

多年生沉水草本。茎长30厘米以上。叶片轮廓近半圆形或扇状半圆形，直径2.5～4厘米，三至五回2～3裂，小裂片近丝形。花直径1～1.5（～2）厘米；萼片反折，卵状椭圆形；花瓣白色，基部黄色，倒卵形，长5～9毫米。聚合果卵球形，直径约3.5毫米；瘦果20～40，斜狭倒卵形。花期5～8月。生山谷溪流、水塘及湖中；海拔2700～5300米。产波密、林芝、错那、拉萨、尼木、南木林、昂仁、白朗、萨噶、仲巴、普兰；云南（北部）、四川（西部）、青海、甘肃、河北、辽宁、山西、江西、江苏。

十六、茶藨子科 Grossulariaceae

茶藨子属 *Ribes*

120 长刺茶藨子　刺茶藨子
Ribes alpestre

落叶灌木。高1～3米。幼枝被柔毛，茎下部的节上着生3枚粗刺，刺长1～2厘米，节间常疏生针刺或腺毛。叶宽卵形，长1.5～3厘米，基部近平截或心形，3～5裂。花两性；2～3朵组成短总状花序或花单生叶腋；花萼绿褐色或红褐色；花瓣白色，狭椭圆形至近匙形。果近球形或椭圆形，径1～1.2厘米，紫红色，无毛，具腺毛，味酸。花果期5～9月。生于林下、林缘、灌丛中或沟谷道旁；海拔3000～4000米。产札达、隆子、工布江达、嘉黎、比如、米林、林芝、波密、察隅、类乌齐、昌都、察雅、左贡、芒康、江达；云南、四川、青海、甘肃、陕西、湖北；阿富汗、克什米尔、印度（西北部）、尼泊尔、不丹。

121 冰川茶藨子
Ribes glaciale

落叶灌木。高2～3（5）米。小枝无毛或微具柔毛，无刺。叶长卵圆形，稀近圆形，长3～5厘米，掌状3～5裂。花单性，雌雄异株；总状花序直立；雄花序长2～5厘米，具10～30花；雌花序长1～3厘米，具4～10花；花瓣近扇形或楔状匙形。果近球形或倒卵状球形，径5～7毫米，红色，无毛。花期4～6月，果期7～9月。生于海拔2300～3450米的林下和林缘。产米林、林芝、波密；云南、四川、甘肃、陕西、湖北、山西；克什米尔、尼泊尔、印度、不丹。

122 糖茶藨子 糖茶藨
Ribes himalense

落叶小灌木。高1～2米。小枝无毛，无刺。叶卵圆形或近圆形，长5～10厘米，基部心形，掌状3～5裂。花两性；总状花序长5～10厘米，具8～20余花；花萼绿带紫红晕或紫红色；花瓣近匙形或扇形，边缘微有睫毛，红或绿带浅紫红色。果球形，径6～7毫米，红色或熟后紫黑色，无毛。花果期5～9月。生林下、林缘、灌丛中；海拔2600～3800米。产吉隆、聂拉木、定结、亚东、洛扎、工布江达、索县、比如、林芝、类乌齐、昌都、江达、芒康、察隅；云南、四川、青海、甘肃、陕西、湖北、河南、内蒙古、山西；克什米尔、尼泊尔、印度、不丹。

123 东方茶藨子　柱腺茶藨
Ribes orientale

落叶矮灌木。高0.5～2米。幼枝被柔毛和黏质腺毛或腺体，无刺；叶近圆形或肾状圆形，长宽均1～3（～4）厘米，掌状3～5浅裂。花单性，雌雄异株，稀杂性；总状花序；雄花序直立，长2～5厘米，具15～30花；雌花序长2～3厘米，具5～15花；花萼紫红色或紫褐色；花瓣近扇形或近匙形。果球形，径7～9毫米，红色或紫红色，具柔毛和腺毛。花期4～5月，果期7～8月。生高山林下、林缘、路边或岩石缝隙；海拔2100～4900米。产西藏（东部、南部、西南部）、四川（木里、马尔康、黑水）、云南（西北部）；东南欧、西亚、中亚以及克什米尔、尼泊尔、不丹、印度。

十七、虎耳草科 Saxifragaceae

虎耳草属 *Saxifraga*

124 棒腺虎耳草
Saxifraga consanguinea

多年生草本；高0.6～8.5毫米。茎不分枝，被腺毛（腺头紫红色，短棒状）。鞭匐枝出自茎基部叶腋，丝状，长3～12厘米，先端通常具芽。基生叶密集，呈莲座状，稍肉质，狭椭圆形、狭倒卵形至近匙形，先端具短尖头，边缘具腺睫毛；茎生叶较疏。单花生于茎顶，或聚伞花序具2～10花；花序分枝具2～3花；花瓣红色，革质，近圆形、阔卵形、倒阔卵形至卵形；花柱长约1毫米；花盘环状。花果期6～9月。生云杉疏林下、杜鹃灌丛下、高山草甸和高山碎石隙；海拔3850～5450米。产仲巴、吉隆、聂拉木、南木林、拉萨、达孜、安多、加查、索县、比如、类乌齐。分布于云南（西北部）、四川（西部）和青海（南部）；尼泊尔。

125 川滇虎耳草
Saxifraga perarisulata

多年生密丛草本；高2.5～5.5厘米。茎被腺柔毛。基生叶具长柄，叶片长圆形至披针形，长3.5～7毫米，宽0.9～1.5毫米，先端具1～3芒状柔毛，边缘具褐色柔毛（有时带腺头）；茎生叶叶片狭披针形或狭长圆形。花单生于茎顶；花梗纤细，长9～25毫米，被褐色腺毛；萼片在花期开展，近椭圆形；花瓣黄色，长圆形至狭卵形，长5～5.5毫米，先端稍钝，基部狭缩成爪；子房近上位，阔卵球形。花期7～8月。生高山草甸和高山碎石隙；海拔4100～4730米。产四川（西部）和云南（西北部）。西藏新分布。

126 垂头虎耳草
Saxifraga nigroglandulifera

多年生草本。高达36厘米。基生叶，椭圆形或卵形，长1.5～4厘米，边缘疏生卷曲长腺毛；茎生叶披针形或长圆形，边缘具长腺毛。聚伞花序总状，具2～14花；花通常垂头，多偏向一侧；萼片花期直立，三角状卵形、卵形或披针形；花瓣黄色，近匙形或窄倒卵形，长7.4～9.6毫米，先端尖或稍纯；子房半下位。花果期7～10月。生林下、林缘、高山灌丛、高山灌丛草甸、高山草甸和高山湖畔；海拔4300～5350米。产南木林、拉萨、林周；云南（西北部）和四川（西部）；尼泊尔至不丹。

127 大花虎耳草
Saxifraga stenophylla

多年生草本；高达17.5厘米。茎密被腺毛（腺头球形）。鞭匐枝生于基生叶叶腋，丝状。基生叶莲座状，革质，窄椭圆形或近匙形，长0.8～1.3厘米，先端具软骨质芒，边缘具软骨质腺睫毛；茎生叶较疏，革质，长圆形。聚伞花序长1.5～3厘米，具2～3花；萼片花期直立，稍肉质，卵形或披针形；花瓣黄色，椭圆形、倒卵形或倒宽卵形，长0.8～1.2厘米；子房近上位，椭球形。花期7～8月。生灌丛下或山坡草地；海拔4100～4700米。产八宿、察隅；云南（西北部）和四川（西部）。

128 加拉虎耳草
Saxifraga gyalana

多年生草本，丛生；高5～9厘米。小主轴分枝，具莲座叶丛；花茎被黑褐色腺毛。莲座叶稍肉质，倒披针状线形至匙状线形，长5～8.6毫米，宽1～1.7毫米，先端钝，背面（上部）、腹面和边缘均具刚毛；茎生叶稍肉质，长圆形至匙状长圆形。聚伞花序具2～5花，稀单花生于茎顶；花梗被黑褐色腺毛；萼片在花期开展至反曲，卵形至阔卵形；花瓣黄色，披针形至长圆形，先端急尖或钝圆，基部近心形；子房近上位，卵球形。花果期6～9月。生林下和石隙；海拔2300～4100米。产八宿、波密、林芝、米林。

129 金星虎耳草
Saxifraga stella-aurea

多年生草本，丛生；高1.5～8厘米。小主轴分枝，具莲座叶丛。茎花莛状，被黑褐色腺毛。莲座叶肉质，近匙形、近椭圆形、近长圆形至近剑形，长2.5～5毫米，宽1～2毫米，先端通常钝，边缘具褐色腺毛（有时腺头掉落）。花单生于茎顶；萼片在花期反曲，近卵形、椭圆形至阔椭圆形；花瓣黄色，中部以下具橙色斑点，椭圆形、卵形至狭卵形；子房近上位，阔卵球形至椭球形。花果期7～10月。生高山草甸和高山碎石隙；海拔3900～5500米。产改则、双湖、安多、错那、林芝、墨脱、波密、八宿、察隅；云南（西北部）、四川（西部）和青海；尼泊尔至不丹。

130 朗县虎耳草
Saxifraga nangxianensis

多年生草本；高2.5～10厘米。茎不分枝，被短腺毛；鞭匐枝出自茎基部叶腋，丝状，长4.5～18厘米，被短腺毛。基生叶密集呈莲座状，肉质，狭倒卵形至近匙形，长6～8.3毫米，宽2.3～3毫米，两面和边缘均具褐色腺毛；茎生叶较疏。聚伞花序具4～9花；萼片在花期直立，卵形至近椭圆形；花瓣黄色至紫红色，倒卵形、倒阔卵形至椭圆形；子房近下位。花期7～8月。生高山灌丛、高山草甸和高山碎石隙；海拔4500～5450米。产朗县、加查、错那、拉萨。

131 流苏虎耳草
Saxifraga wallichiana

多年生草本，丛生；高16～30厘米。茎不分枝，被腺毛。茎生叶较密，中部者较大，卵形、狭卵形至披针形，长0.8～1.8厘米，宽1.5～8毫米，边缘具腺睫毛。聚伞花序具2～4花，或单花生于茎顶；萼片在花期直立，卵形；花瓣黄色，卵形、倒卵形至椭圆形，先端急尖至钝圆，基部狭缩成长爪；子房近上位，卵球形至阔卵球形。花果期7～11月。生灌丛下、高山草甸、石隙等处；海拔3800～5000米。产吉隆、聂拉木、拉萨、林周、工布江达、加查、朗县、贡觉；云南（西部和北部）、四川（西部）；印度（西北部）、尼泊尔。

132 聂拉木虎耳草
Saxifraga moorcroftiana

多年生草本；高18～51.5厘米。茎带紫色。基生叶通常于花期枯凋，具长柄，叶片菱状椭圆形至长圆形，长约2.2厘米，宽约1.1厘米，背面和边缘疏生褐色腺柔毛；茎生叶通常无柄，中下部者长圆形、提琴状长圆形至提琴形，先端急尖，基部心形且半抱茎，最上部者卵形至卵状椭圆形，先端钝，基部心形且抱茎。聚伞花序伞房状，具2～12花；萼片在花期由直立变开展，卵状椭圆形，先端钝圆；花瓣黄色，倒卵形，先端钝圆；子房近上位，卵球形。蒴果长约9毫米。花果期8～9月。生林缘、灌丛下、水边等处；海拔3800～4400米。产聂拉木、亚东；云南（西北部）、四川（西南部）；克什米尔、尼泊尔、印度、不丹。

133 漆姑虎耳草
Saxifraga saginoides

多年生密丛垫状植物；高0.9～1.5厘米。茎极短，长3～9毫米，被褐色卷曲腺柔毛。基生叶具柄，叶片近长圆形，长3～4毫米，宽约1毫米；茎生叶肥厚，线形。花单生于茎顶；萼片通常直立，卵形至近椭圆形；花瓣黄色，卵形至狭卵形，先端钝，基部狭缩成爪；子房近上位，近卵球形。花果期7～9月。生高山草甸、高山碎石隙；海拔4700～5500米。产聂拉木、定日、拉萨、加查；四川（西部）；印度（西北部）、尼泊尔、不丹。

134 山地虎耳草
Saxifraga sinomontana

多年生草本，丛生；高4.5～35厘米。茎疏被褐色卷曲柔毛。基生叶发达，具柄，叶片椭圆形、长圆形至线状长圆形，长0.5～3.4厘米，宽1.5～5.5毫米，先端钝或急尖，边缘具褐色卷曲长柔毛；茎生叶披针形至线形。聚伞花序具2～8花，稀单花；萼片在花期直立，近卵形至近椭圆形；花瓣黄色，倒卵形、椭圆形、长圆形、提琴形至狭倒卵形，先端钝圆或急尖，基部具爪；子房近上位。花果期5～10月。生灌丛、高山草甸、石隙；海拔3800～5300米。产普兰、仲巴、聂拉木、林周、拉萨、加查、比如、八宿、察隅；云南（西北部）、四川（西部）、青海（东部）、甘肃和陕西（南部）；克什米尔至不丹。

135 唐古特虎耳草
Saxifraga tangutica

多年生草本，丛生；高3.5～31厘米。茎被褐色卷曲长柔毛。基生叶具柄，叶片卵形、披针形至长圆形，长6～33毫米，宽3～8毫米，先端钝或急尖，边缘具褐色卷曲长柔毛；茎生叶叶片披针形、长圆形至狭长圆形。多歧聚伞花序，（2～）8～24花；萼片在花期由直立变开展至反曲，卵形、椭圆形至狭卵形；花瓣黄色，或腹面黄色而背面紫红色，卵形、椭圆形至狭卵形，先端钝，基部具爪；子房近下位，周围具环状花盘。花果期6～10月。生林下、灌丛、高山草甸和高山碎石隙；海拔2900～5600米。产西藏、甘肃（南部）、青海、四川（北部和西部）；不丹至克什米尔。

136 秃萼虎耳草
Saxifraga nanella var. *glabrisepala*

多年生草本，丛生；高1.2～4厘米。小茎轴有时多分枝，交错叠结成坐垫状。叶密集呈莲座状，稍肉质，近卵形，长3～8毫米，宽1.5～3毫米，先端钝圆且无毛。花单生于茎顶，或聚伞花序具2～5花；萼片在花期开展至反曲，肉质，阔卵形至卵形；花瓣黄色，中下部具橙色斑点，椭圆形至卵形，先端钝或急尖，基部具爪；子房近上位，阔卵球形。花期7～8月。生高山草甸和高山碎石隙；海拔4200～4900米。产八宿、墨脱、巴青、加查、定结。

137 西藏虎耳草 *Saxifraga tibetica*

多年生草本，密丛生。高（1～）2～16厘米。茎密被褐色卷曲长柔毛。基生叶具柄，叶片椭圆形至长圆形，长0.8～1厘米，宽2～6.5毫米，先端钝，边缘具褐色卷曲柔毛；茎生叶叶片狭卵形、披针形至长圆形。单花生于茎顶；萼片在花期反曲，近卵形至近狭卵形；花瓣腹面上部黄色而下部紫红色，背面紫红色，卵形至狭卵形，先端钝，基部具爪；子房卵球形，周围具环状花盘。蒴果长约4毫米。花果期7～9月。生高山草甸、沼泽草甸和石隙；海拔4400～5600米。产日土、普兰、仲巴、萨噶、改则、双湖、定日、南木林、安多；青海。

138 狭瓣虎耳草 *Saxifraga pseudohirculus*

多年生草本，丛生；高4～16.7厘米。基生叶具柄，叶片披针形、倒披针形至狭长圆形，长2～11毫米，宽0.6～2.5毫米，先端稍钝，两面和边缘均具腺毛；茎生叶叶片近长圆形至倒披针形。聚伞花序具2～12花，或单花生于茎顶；萼片在花期直立至开展，阔卵形、近卵形至狭卵形；花瓣黄色，披针形、狭长圆形至剑形，先端钝圆至急尖，基部具爪；子房半下位，阔卵球形。花果期7～9月。生云杉疏林下、灌丛下、高山草甸等处；海拔3800～4900米。产工布江达、类乌齐、昌都、江达；陕西（秦岭山地）、四川（西部）、青海和甘肃（南部）。

139 小伞虎耳草 *Saxifraga umbellulata*

多年生草本；高5.5～10厘米。茎不分枝，被褐色腺毛。基生叶密集，呈莲座状，匙形，长0.8～1.35厘米，宽2～3毫米，先端钝；茎生叶长圆形至近匙形。聚伞花序伞状或复伞状，长3～5.5厘米，具2～23花；萼片在花期通常直立，卵形至三角状狭卵形；花瓣黄色，提琴状长圆形至提琴形，先端钝圆至急尖，基部狭缩成爪；子房近上位，阔卵球形。花期6～9月。生沼泽地和岩壁石隙；海拔3060～4400米。产拉萨、乃东（泽当）、隆子、加查、朗县；尼泊尔、印度。

140 岩梅虎耳草 *Saxifraga diapensia*

多年生草本，丛生；高1～2.8厘米。茎被褐色腺柔毛。基生叶密集呈莲座状，具柄，叶片近椭圆形至狭卵形，长5～8毫米，宽2～3.5毫米，先端急尖，基部楔形，边缘具褐色卷曲长腺毛；茎生叶约2枚，线状长圆形至近线形。花单生于茎顶；萼片在花期直立状开展，卵形；花瓣黄色，卵形、椭圆形至近长圆形，先端微凹，基部狭缩成爪；子房近上位，近阔卵球形。花期7～8月。生山坡水边或石隙；海拔3900～4500米。产林芝、波密；四川（西部）。

141 爪瓣虎耳草
Saxifraga unguiculata

多年生草本，丛生；高2.5～13.5厘米。小主轴分枝，具莲座叶丛；花茎具叶。莲座叶匙形至近狭倒卵形，长0.46～1.9厘米，宽1.5～6.8毫米，先端具短尖头，边缘多少具刚毛状睫毛；茎生叶较疏，长圆形、披针形至剑形。花单生于茎顶，或聚伞花序具2～8花；萼片起初直立，后变开展至反曲，通常卵形；花瓣黄色，中下部具橙色斑点，狭卵形、近椭圆形、长圆形至披针形，先端急尖或稍钝，基部具爪；子房近上位，阔卵球形。花期7～8月。生云杉林下、灌丛下、高山草甸和高山碎石隙；海拔3800～5644米。产改则、双湖、申扎、班戈、南木林、安多、那曲、索县、比如、丁青、类乌齐、察隅、贡觉；四川（西部）、青海和甘肃。

142 珠芽虎耳草
Saxifraga granulifera

茎单或分枝，高10～25厘米，具腺柔毛。基生叶具叶柄，叶片肾形至近圆形，长0.8～1厘米，宽1～1.1厘米，边缘7～9浅裂；茎生叶叶片肾形或宽卵形到宽圆形，边缘5～7浅裂。聚伞花序伞房状，1～10花；萼片直立，卵形到狭长；花瓣白色或淡黄，狭倒卵形楔形，基部渐缩成爪状；子房卵球形。花期6～9月。生高山草原、悬崖、岩石苔藓中；海拔3100～4600米。产西藏（东南部）、四川、云南；不丹、印度（北方邦）、尼泊尔。

143 紫花虎耳草
Saxifraga bergenioides

多年生草本，密丛；高（4～）13～18厘米。茎不分枝，密被褐色卷曲柔毛。基生叶具长柄，叶片近椭圆形，长约2.3厘米，宽约9毫米，两面和边缘均具褐色卷曲柔毛；茎生叶无柄，长圆形。单花生于茎顶，或聚伞花序具2～4花；花稍垂头；萼片直立，紫色，近卵形；花瓣紫红色，倒披针形至狭倒披针形，先端微凹；子房近上位，卵球形。花期7～9月。生灌丛、高山草甸和高山碎石隙；海拔4200～5000米。产错那、隆子、曲松、加查、朗县、米林、林芝；不丹。

亭阁草属 *Micranthes*

144 黑蕊亭阁草
Micranthes melanocentra

多年生草本；高3.5～22厘米。叶均基生，具柄，叶片卵形、菱状卵形、阔卵形、狭卵形至长圆形，长0.8～4厘米，宽0.7～1.9厘米，先端急尖或稍钝，基部楔形，稀心形。花莛被卷曲腺柔毛；聚伞花序伞房状，具2～17花；稀单花；萼片在花期开展或反曲，三角状卵形至狭卵形；花瓣白色，稀红色至紫红色，基部具2黄色斑点，或基部红色至紫红色，阔卵形、卵形至椭圆形，长3～6.1毫米；2心皮黑紫色，中下部合生；子房阔卵球形。花果期7～9月。生亚高山灌丛下、高山草甸、高山碎石隙等处；海拔4500～5400米。产南木林、拉萨、达孜、安多、错那、加查、米林、波密、比如；云南（西北部）、四川（西部）、青海、甘肃和陕西（南部）；尼泊尔、不丹。

金腰属 *Chrysosplenium*

145 西康金腰
Chrysosplenium sikangense

多年生草本；高3.5～4.5厘米。根状茎横走。叶互生，具柄，叶片阔卵形，长2～4毫米，宽2.5～6毫米，边缘具6圆齿，基部宽楔形。聚伞花序长0.8～1.1厘米，具3花；苞叶稍肉质，阔卵形至扇形，边缘具5～6圆齿；花梗极短；萼片直立，圆状方形至圆状矩形；子房半下位，花柱2；花盘不明显。蒴果。花果期7～9月。生岩坡；海拔3700～4100米。产西藏（东部）和云南（西北部）。

十八、景天科 Crassulaceae

红景天属 *Rhodiola*

146 矮生红景天
Rhodiola humilis

主轴短，直立。基生叶有柄，柄长9毫米，叶片线状倒披针形至线状菱形，长6毫米。花茎少数，不分枝，长2.5厘米。茎生叶互生，线状菱形，长4～5毫米，两端狭，无柄，全缘。花单生，5基数；萼片卵状长圆形，先端尾状渐尖，花瓣卵形，先端长尾状，雄蕊10；心皮卵形。花期9月。生高山草甸；海拔4500米。产朗县、亚东；尼泊尔、印度。

147 柴胡红景天 *Rhodiola bupleuroides*

多年生草本。根颈直立。花茎1～2。叶互生，椭圆形、近圆形、卵形、倒卵形或长圆状卵形，长0.3～6（9）厘米，全缘或疏生锯齿。伞房状花序顶生，有7～100花；雌雄异株；萼片5，紫红色；花瓣5，暗紫红色，雄花的倒卵形或窄倒卵形，雌花的窄长圆形、长圆形或窄长圆状卵形；心皮5。蓇葖果长4～5（～10）毫米。花期6～8月，果期8～9月。生山坡石缝中、灌丛中或草地上；海拔2400～5700米。产普兰、仲巴、吉隆、聂拉木、定日、定结、亚东、错那、隆子、南木林、拉孜、拉萨、乃东、浪卡子、当雄、那曲、比如、巴青、江达、左贡、米林、林芝；云南、四川；尼泊尔、印度、不丹及缅甸。

148 长鞭红景天 *Rhodiola fastigiata*

多年生草本。根颈径1～1.5厘米，基部鳞片三角形。叶互生，线状长圆形、线状披针形、椭圆形或倒披针形，长0.8～1.2厘米，先端钝，全缘；花茎4～10，叶密生。花序伞房状；雌雄异株；花密生；萼片5，线形或长三角形；花瓣5，红色，长圆状披针形；雄蕊10；鳞片5，横长方形；心皮5，披针形。蓇葖果长7～8毫米，直立，先端稍外弯。花期6～8月，果期9月。生山坡石上；海拔3300～5400米。产日土、普兰、聂拉木、错那、拉萨、加查、米林、林芝、波密、察隅、改则、索县、比如；云南、四川（西部）；不丹、尼泊尔及克什米尔。

149 粗糙红景天
Rhodiola coccinea subsp. *scabrida*

多年生草本。主根细，不分枝，长10厘米。地上根颈分枝，密集丛生，几为圆形，直径10厘米。宿存老花茎多；不育茎扇状排列，先端密生叶，长2～3厘米。叶线状披针形，长4～7毫米，宽1～1.2毫米，先端渐尖，全缘。雌雄异株，仅见雌株；萼片4，三角状长圆形；花瓣4，干后带红色，宽长圆形；雄蕊退化；鳞片4，四方形；心皮4，近直立。生山坡岩缝中；海拔5100～5300米。产云南丽江。西藏新分布。

150 大花红景天 圆齿红景天
Rhodiola crenulata

多年生草本。地上根颈短，残存茎少数，干后黑色，高达20厘米。被莲座状基生叶；不育枝直立，顶端密生叶，叶宽倒卵形，长1～3厘米；叶椭圆状长圆形或近圆形，长1.2～3厘米，全缘、波状或有圆齿。花序伞房状，有多花；花大形，有长梗，雌雄异株；萼片5，狭三角形至披针形，钝；花瓣5，红色，倒披针形，有长爪，先端钝；雄蕊10；鳞片5，近正方形至长方形；心皮5，披针形。花期6～7月，果期7～8月。生高山碎石滩、山坡沟边草地、石缝、高山灌丛中；海拔3400～5600米。产普兰、聂拉木、定日、南木林、亚东、拉萨、朗县、林芝、嘉黎、巴青、左贡、察隅；云南（西北部）、四川（西部）；尼泊尔、印度及不丹。

151 四裂红景天
Rhodiola quadrifida

多年生草本。根颈径1～3厘米。分枝，黑褐色，顶端被鳞片。叶互生，无柄，披针形或线状披针形，长5～8（12）毫米，全缘。伞房花序花少数；萼片4，线状披针形；花瓣4，紫红色，长圆状倒卵形，钝；雄蕊8；鳞片4，近长方形。蓇葖4，披针形，直立，有先端反折的短喙，成熟时暗红色。花期5～6月，果期7～8月。生高山草甸、灌丛、山坡石缝、沼泽和水沟边；海拔3000～5700米。产噶尔、札达、普兰、吉隆、聂拉木、定日、定结、拉孜、亚东、当雄、申扎、班戈、改则、双湖、安多、左贡、昌都；四川、青海、甘肃、新疆；尼泊尔、巴基斯坦、印度、蒙古。

152 小杯红景天
Rhodiola sherriffii

多年生草本。根颈圆柱形，直径1～2.5厘米，先端被鳞片。叶互生，倒披针形至长圆状倒披针形至狭长圆形，长1～3厘米，宽2～7毫米，先端急尖，全缘。花序顶生，复聚伞状；雌雄异株；萼片5，狭长圆形；花瓣5，分离，淡绿黄色，先端常带红色，狭长圆状倒披针形；雄蕊10，花药宽椭圆形，开裂前粉红色；鳞片5，长圆形；心皮5，几分离，花柱短。花果期7～9月。生草坡灌丛中、湿处、石上；海拔4000～5000米。产工布江达、亚东；印度、不丹。

153 异齿红景天
Rhodiola heterodonta

多年生草本。根粗壮，垂直；根颈分枝，顶端被鳞片。茎有粗齿。叶互生，三角状卵形，长1.5～2厘米，先端急尖，基部心形抱。花茎长达40厘米，直立，径4～5毫米。蓇葖果直立，线状长圆形，有短而弯的喙。生于山坡沟边冰积石中；海拔2800～4700米。产西藏、新疆；伊朗、阿富汗、克什米尔、巴基斯坦、蒙古、俄罗斯。

154 异鳞红景天
Rhodiola smithii

多年生草本。根颈直立，粗，不分枝。基生叶鳞片状。花茎的叶互生，长卵形或卵状线形，长7～14毫米，宽1.2～2.2毫米，钝，全缘。伞房状花序，花疏生；花两性；萼片5，披针形；花瓣5，近长圆形，先端尖，全缘；雄蕊10；鳞片5，近正方形；心皮5。蓇葖直立。花期7～9月，果期8～12月。生河滩砂砾地、砂质草地及石缝中；海拔4000～5000米。产日喀则至亚东一带；印度。

155 紫绿红景天
Rhodiola purpureoviridis

多年生草本。根颈直立，粗，直径可达2厘米，分枝，先端被三角形鳞片。花茎少数，直立，高15～40厘米，密被腺毛。叶互生，多，狭长圆状披针形，长2.5～6厘米，宽3～10毫米，先端稍急尖，基部圆，边缘有疏牙齿。伞房状花序伞形；雌雄异株；萼片5，线状披针形；花瓣5，绿色，线状倒披针形；雄蕊10，花丝紫色，花药圆形；鳞片5，长方状楔形；心皮5，披针形，直立。蓇葖长6毫米，有外弯的喙。花期6～8月。生山地草坡上或林边；海拔2500～4100米。产云南（西北部）及四川（西部）。西藏新分布。

景天属 *Sedum*

156 尖叶景天
Sedum fedtschenkoi

一年生草本。花茎上升，长2.5～4.5厘米，自基部分枝。叶线状披针形，长4.7～8毫米，有钝距，先端尖。花序伞房状，较疏松，有少数花；花为不等的五基数；萼片披针形至近倒卵形；花瓣黄色，近长圆形；雄蕊10；鳞片近圆状匙形；心皮直立，宽卵形。花期8月，果期9月。生于河滩草甸上，海拔3800～4500米。产乃东、拉萨、林周、聂荣、索县；四川（西部）、青海（南部）。

157 锡金景天　腺突景天
Sedum gagei

多年生草本。不孕茎长6～20毫米；花茎直立，长4～6厘米。叶互生，无柄，三角状线形，长3.6～4.8毫米，宽1.3～1.8毫米。花序聚伞状，密集；苞片叶状；花为不等的五基数，小型，多数；萼片卵状线形，先端渐尖；花瓣卵状披针形；雄蕊10，2轮；鳞片有爪，近四方形；心皮半合生。蓇葖斜向叉开。花果期8月。生于河谷岩石上、山坡石上或山坡桧林中；海拔3500～4200米处。产聂拉木、索县、类乌齐、江达；四川（西部）、青海（南部）；印度、尼泊尔、不丹。

158 道孚景天
Sedum glaebosum

多年生草本。不育茎形成密丛，长1～2厘米；花茎近直立，常单生，高4～6厘米。叶卵形至线状披针形，长3～6毫米，先端渐尖。花序密伞房状，有数花；花为不等的五基数，近无梗；萼片半长圆形；花瓣黄色，近长圆形；雄蕊10，2轮；鳞片爪状匙形；心皮直立，卵状披针形。花期8～9月，种子成熟10月。生于山坡或山谷岩石上；海拔3500～5000米。产聂拉木、类乌齐、比如、索县、昌都、江达；青海（南部）、四川（西部）。

159 高原景天
Sedum przewalskii

一年生草本，无毛。根纤维状。花茎直立，高1～4厘米，常自基部分枝。叶宽披针形至卵形，长2～4.8毫米，先端钝。花序伞房状，有3～7花；苞片叶形；花为五基数；萼片半长圆形；花瓣黄色，三角状卵形，先端钝；鳞片狭线形或近线状匙形；心皮近菱形。花期8月，果期9月。生于山坡草地上、石坡上；海拔5400米。产定日、拉萨、墨竹工卡、加查、隆子、错那；云南、四川、青海、甘肃；尼泊尔。

十九、豆科 Leguminosae

野豌豆属 *Vicia*

160 广布野豌豆
Vicia cracca

多年生草本；高0.4～1.5米。茎攀缘或蔓生，有棱，被柔毛。偶数羽状复叶，叶轴顶端卷须2～3分支；小叶5～12对，互生，线形、长圆形或线状披针形，长1.1～3厘米，全缘。总状花序与叶轴近等长；花10～40密集；花冠紫色、蓝紫色或紫红色，长0.8～1.5厘米，旗瓣长圆形，中部两侧缢缩呈提琴形，翼瓣与旗瓣近等长，明显长于龙骨瓣。荚果长圆形或长圆菱形，长2～2.5厘米，顶端有喙。生山坡草地或梯田杂草丛中；海拔3900～4200米。产米林、拉萨、日喀则、南木林；东北、华北、河南、陕西、甘肃、四川、贵州、浙江、安徽、湖北，江西、福建、广东、广西、云南；日本、美洲。

锦鸡儿属 *Caragana*

161 川西锦鸡儿
Caragana erinacea

灌木；高达60厘米。老枝绿褐或褐色，具黑色条棱，有光泽。小叶2～4对，在短枝上的通常2对，羽状排列，线形、倒披针形或倒卵状长圆形，长0.5～1.2厘米，宽1～2.5毫米，先端锐尖。花1～4朵簇生叶腋；花冠黄色，长1.8～2.5厘米，旗瓣卵形至长圆状倒卵形，有时中部及顶部呈紫红色，翼瓣稍长于旗瓣，瓣柄稍长于瓣片，耳小，龙骨瓣与旗瓣近等长。荚果圆筒形，长1.5～2厘米。花期5～6月。生于旱山坡或灌丛中；海拔3700～4400米。产贡觉、索县、曲水、江孜、定日、拉孜；四川（西部）、甘肃。

162 鬼箭锦鸡儿
Caragana jubata

灌木；直立或伏地，高达2米。基部多分枝。小叶8～12枚，羽状排列，长圆形，长1.1～1.5厘米。花单生；花冠玫瑰色、淡紫色、粉红色或近白色，长2.7～3.2厘米，旗瓣宽卵形，基部渐窄成长柄，翼瓣的瓣柄长为瓣片的2/3至3/4，龙骨瓣先端斜截形而稍凹；子房被长柔毛。荚果长椭圆形，长约3厘米，密被丝状长柔毛。花期6～7月，果期7～8月。生砾石山坡或山坡灌丛中；海拔3300～5000米。产左贡、昌都、八宿、察隅、波密、索县、嘉黎、洛扎、朗县、拉萨、林周、洛隆、隆子、浪卡子、定日、吉隆；辽宁、河北、山西、内蒙古、青海、甘肃、四川；蒙古、尼泊尔、印度、不丹。

高山豆属 *Tibetia*

163 高山豆 高山米口袋
Tibetia himalaica

多年生草本。分茎明显。羽状复叶长2～7厘米，小叶9～12（19），圆形、椭圆形、宽倒卵形或卵形，长达9毫米，先端圆、微缺，有时深缺至2裂状，被贴伏长柔毛；花冠深蓝紫色，旗瓣卵状扁圆形，长6.5～8毫米，先端微缺或深缺，翼瓣宽楔形具斜截头，龙骨瓣近长方形。荚果圆筒形，有时稍扁，被稀疏柔毛或近无毛。花期5～6月，果期7～8。生河边沙滩草地、阳坡灌丛草地、沟谷草甸或山坡草地；海拔2900～4300米。产芒康、江达、察雅、左贡、巴青、类乌齐、贡觉、丁青、波密、察隅、林芝、米林、林周、拉萨、亚东、聂拉木；四川（西南部）、青海、甘肃（东部）；尼泊尔、不丹、印度。

黄芪属 *Astragalus*

164 丛生黄芪
Astragalus confertus

多年生草本。茎多数丛生，高5～15厘米。奇数羽状复叶，具11～19片小叶，长1.5～3厘米；小叶卵形或长圆状卵形，长2～5毫米，宽1.5～2.5毫米，先端钝尖或微凹，基部宽楔形，两面被白色伏贴柔毛。总状花序生6～8花，密集呈头状；花冠青紫色，旗瓣宽倒卵形，长约7毫米，先端微凹，基部渐狭成瓣柄，翼瓣与旗瓣近等长，瓣片长圆形，龙骨瓣较翼瓣稍短，瓣片半圆形。荚果长圆形，稍弯曲，长5～8毫米。花期7～8月，果期8～9月。生高山草地、河边沙地或砾石坡；海拔4000～5300米。西藏广布；印度（北部）、克什米尔也有分布。

165 东俄洛黄芪
Astragalus tongolensis

多年生草本。茎直立，高达70厘米。羽状复叶长10～15厘米，有9～13小叶；小叶卵形或长圆状卵形，长1.5～4厘米，先端钝，基部近圆，上面近无毛，下面被白色柔毛。总状花序腋生，有10～20稍密生的花；花冠黄色，旗瓣匙形，长约1.8厘米，翼瓣和龙骨瓣与旗瓣近等长。荚果纸质，披针形，长约2.5厘米，密被黑色柔毛。花果期7～9月。生山坡草地；海拔2900～4000米。产类乌齐、察隅；四川（北部）、甘肃、青海。

166 多花黄芪
Astragalus floridulus

多年生草本，被黑色或白色长柔毛。茎直立，高30～60（～100）厘米，下部常无枝叶。羽状复叶有17～41枚小叶，长4～12厘米；小叶线状披针形或长圆形，下面被灰白色、多少伏贴的白色柔毛。总状花序腋生，生13～40花，偏向一边；花冠白色或淡黄色，旗瓣匙形，长11～13毫米，翼瓣比旗瓣略短，瓣片线形，龙骨瓣与旗瓣近等长，瓣片半卵形。荚果纺锤形，长12～15毫米，密被黑色长柔毛。花果期7～9月。生山坡草地或林下；海拔3700～4300米。产索县、类乌齐、墨竹工卡、江达、八宿、察隅、亚东；四川（西北部）、青海、甘肃；尼泊尔、印度、不丹。

167 多枝黄芪
Astragalus polycladus

茎多数，纤细，丛生，高达35厘米。羽状复叶长2～8厘米，有11～29小叶；小叶披针形或近卵形，长2～8毫米，先端钝。总状花序有多数花，花密集呈头状；花冠红色或青紫色，旗瓣宽倒卵形，长7～8毫米，翼瓣与旗瓣近等长或稍短，龙骨瓣短于翼瓣。荚果长圆形，微弯曲，长5～8毫米。花果期7～9月。生海拔3500米的山坡、路旁。产西藏、四川、云南、青海、甘肃及新疆（西部）。

168 团垫黄芪
Astragalus arnoldii

垫状草本；高5～10厘米。茎短缩，被灰白色“丁”字毛。羽状复叶有5～7片小叶，长1～1.5厘米；小叶狭长圆形，长2～5毫米，先端渐尖，基部钝圆，两面被灰白色毛。总状花序的花序轴短缩，生5～6花；花冠蓝紫色，旗瓣宽倒卵形，先端微凹，翼瓣长圆形，龙骨瓣较翼瓣短。荚果长圆形，微弯。花果期7～9月。生山坡及河滩上；海拔4600～5100米。产那曲、班戈、双湖、改则、日土、普兰；青海（西南部）。

169 无毛叶黄芪 *Astragalus smithianus*

多年生草本。茎短缩。羽状复叶近基生，有3～9片小叶，长3～6厘米；小叶卵形或近圆形，长8～20毫米，两端钝圆，无毛或仅沿边缘被柔毛。总状花序腋生，生1～4花，稀疏；花冠淡黄色，旗瓣近圆形，长约12毫米，先端钝圆，翼瓣较旗瓣长，瓣片长圆形，龙骨瓣与翼瓣近等长或稍长，瓣片宽斧形。荚果纸质，倒卵圆形，长约1.5厘米，被黑色柔毛。花果期7～9月。生山坡砾石地；海拔4800～5000米。产四川（康定）、青海（扎多）。西藏新分布。

170 小黄芪 *Astragalus zacharensis*

多年生草本；高7～15厘米。茎细弱，多数，上升或近平卧，自基部分枝，呈密丛状，被白色柔毛。奇数羽状复叶，具15～21片小叶，长2～4厘米；叶柄与叶轴近等长或稍短；小叶披针形、长卵形或长圆形，长2～7毫米，宽1～3毫米。总状花序生5～10花；花冠白色带淡紫色，旗瓣宽椭圆形，先端微凹，基部渐狭成柄，翼瓣较旗瓣短，瓣片长圆形，龙骨瓣与旗瓣近等长，瓣片宽斧形；子房具长柄，密被柔毛。荚果长圆形，长约7毫米。花期6～7月。生干山坡石砾地。产内蒙古呼伦贝尔。西藏新分布。

171 云南黄芪
Astragalus yunnanensis

多年生草本；高8～25厘米。地上茎短缩。羽状复叶基生，近莲座状，有11～27片小叶，长6～15厘米；小叶卵形或近圆形，长4～10毫米，宽4～7毫米，先端钝圆，有时有短尖头，下面被白色长柔毛。总状花序生5～12花，稍密集，下垂，偏向一边；花冠黄色，旗瓣匙形，长20～22毫米，先端微凹，翼瓣与旗瓣近等长，瓣片长圆形，龙骨瓣较翼瓣短或近等长，瓣片半卵形；荚果膜质，狭卵形。长约2厘米。花果期6～8月。生海拔4000～5100米的山坡草地、灌丛下或山顶碎石地。产江达、察隅、拉萨、吉隆；云南（西北部）、四川（西南部）及甘肃（洮河流域）；尼泊尔（西部至中部）。

172 窄翼黄芪
Astragalus degensis

多年生草本。茎直立，高达1米，被半开展的白色柔毛或混生黑色柔毛。羽状复叶长5～12厘米，有17～25小叶；小叶长圆形或长圆状披针形，长0.5～1.8厘米，先端钝，基部圆或宽楔形，上面被平伏柔毛，下面毛较密。总状花序腋生，有多数稍稀疏的花；花冠淡紫色，旗瓣窄倒卵形，反折，长1～1.2厘米，翼瓣长0.8～1厘米，龙骨瓣与旗瓣近等长；子房被黑色或混生白色柔毛。荚果膜质，梭状卵圆形，长1.5～1.8厘米，被黑色或混生白色柔毛。花果期7～9月。产山坡草地；海拔3600米。产江达；四川（西部）、云南。

岩黄芪属 *Hedysarum*

173 唐古特岩黄芪
Hedysarum tanguticum

多年生草本，高15～20厘米。地上茎丛生，茎直立，被疏柔毛。小叶15～25；小叶片卵状长圆形、椭圆形或狭椭圆形，长8～15毫米，宽4～6毫米，上面无毛，下面被长柔毛。总状花序腋生；花多数，初花时紧密排列成头塔状，后期花序轴延伸，花的排列较疏散；花冠深玫瑰紫色，旗瓣倒心状卵形，先端圆形、微凹，翼瓣流苏状，龙骨瓣呈棒状。荚果2～4节，下垂，被长柔毛，节荚近圆形或椭圆形。花果期7～9月。生高山潮湿的阴坡草甸或灌丛草甸，沙质或砂砾质河滩，古老的冰碛物以及潮湿坡地的岩削堆。产昌都、山南；青海、甘肃、四川、云南。

蔓黄芪属 *Phyllolobium*

174 拉萨蔓黄芪　拉萨黄芪
Phyllolobium lasaense

根粗壮。茎数条，平卧，长15～35厘米，密被白色绢状短柔毛，分枝。羽状复叶具13～19片小叶，长3～4厘米，近无柄；小叶近对生，椭圆形，长4～10毫米，宽约2毫米，先端尖，基部近圆形，两面密被白色绢状长柔毛。总状花序近头状，生2～4花；花冠紫色；旗瓣长10～12毫米，瓣片扁圆形，先端微缺，翼瓣长10～12毫米，先端钝圆；龙骨瓣长9～9.5毫米，瓣片近长圆形。荚果不详。花期7～8月。生山坡草地；海拔4500～4600米。产拉萨、昂仁、萨迦、措美、隆子、亚东。

175 毛柱蔓黄芪　短爪黄芪

Phyllolobium heydei

根状茎圆柱形，近木质。茎单一或2～3枝，高2.5～6厘米，疏被银白色毛或无毛。羽状复叶具13～19片小叶，长10～30毫米，宽7～9毫米；小叶长圆形或倒卵状长圆形，长3～5毫米，宽2.5～4毫米，先端圆或近截形，基部圆形，上面近无毛或散生白色毛，下面被白色硬直毛。总状花序呈伞形，生2～4花；花冠紫红色，旗瓣圆形，先端微缺，基部狭，翼瓣长圆形，龙骨瓣瓣片近倒卵形。荚果紫色，长圆形或椭圆形。花果期7～8月。生高山地带沙砾地，海拔4572～5300米。产西藏西部和南部；新疆、青海、四川；巴基斯坦。

棘豆属 *Oxytropis*

176 甘肃棘豆

Oxytropis kansuensis

多年生草本；高达20厘米。茎直立，疏被黑糙伏毛。奇数羽状复叶长4～13厘米；小叶17～29，卵状长圆形或披针形，长0.5～1.3厘米，两面疏被贴伏短柔毛。多花组成头形总状花序；花冠黄色，旗瓣长约1.2厘米，瓣片宽卵形，翼瓣长圆形，龙骨瓣喙短三角形，长不及1毫米。荚果膜质，长圆形或长圆状卵形，膨胀，密被贴伏黑色短柔毛。花果期6～10月。生山坡草地、河边草地、灌丛下、山坡砾石地；海拔3300～5300米。产昌都、类乌齐、巴青、丁青、米林、林芝、察隅、错那、亚东、乃东、拉萨、萨噶、聂拉木；宁夏、甘肃、青海、四川（西部和西北部）、云南（西北部）；尼泊尔。

177 黑萼棘豆
Oxytropis melanocalyx

多年生草本；高达15厘米。奇数羽状复叶长5～7（～15）厘米，被白和黑色短硬毛；小叶9～25，卵形或卵状披针形，长0.5～1.1厘米，先端急尖，基部圆，两面疏被黄色长柔毛。3～10花组成腋生伞形总状花序；花冠蓝色，旗瓣宽卵形，长约1.2厘米，先端2浅裂，翼瓣先端微凹，基部具极细瓣柄，龙骨瓣喙长约0.5毫米。荚果纸质，宽长椭圆形，膨胀，被黑和白色长柔毛，下垂，长1.5～2厘米。花果期7～9月。生山坡草地或灌丛下；海拔3100～4100米。产波密、察隅；云南（西北部）、陕西、甘肃、青海。

178 黄花棘豆
Oxytropis ochrocephala

多年生草本；高达50厘米。茎粗壮，直立，被白色短柔毛和黄色长柔毛。奇数羽状复叶长10～19厘米；小叶17～21，草质，卵状披针形，长1～3厘米，两面疏被白和黄色短柔毛。多花组成密总状花序；花冠黄色，旗瓣长1.1～1.7厘米，瓣片宽倒卵形，外展，翼瓣长圆形，龙骨瓣喙长约1毫米或稍长。荚果革质，长圆形，膨胀，长1.2～1.5厘米，顶端具弯曲的喙，密被黑色短柔毛。花果期6～9月。生山坡草地、沼泽草地、干河谷阶地、山坡砾石草地；海拔3000～5100米。产亚东、江孜、米林、左贡、贡觉、聂荣、林周、拉萨、定结、申扎；甘肃、青海、四川（西部）。

179 镰荚棘豆 *Oxytropis falcata*

多年生草本。具腺体。高达35厘米，茎缩短。奇数羽状复叶，叶长5～12（20）厘米；小叶25～45，对生或互生，线状披针形或线形，长0.5～1.5（～2）厘米，上面疏被白色长柔毛，下面密被淡褐色腺点。花冠蓝紫或紫红色，旗瓣长1.8～2.5厘米，瓣片倒卵形，先端圆，翼瓣瓣片斜倒卵状长圆形，先端斜，微凹2裂，龙骨瓣喙长2～2.5毫米。荚果革质，宽线形，稍膨胀，稍成镰刀状弯曲，长2.5～4厘米。花果期5～9月。生山坡草地、山坡砂砾地、冰川阶地、河岸沙地；海拔4500～5200米。产嘉黎、班戈、双湖、日土、仲巴；四川、甘肃、青海、新疆。

180 少花棘豆 *Oxytropis pauciflora*

多年生草本；高5～10厘米。羽状复叶长3～8厘米；小叶11～19，长圆状卵形、长圆形或长圆状披针形，长3～6毫米，宽1.5～3毫米，两面或仅下面疏被贴伏白色长柔毛。3～5花组成近伞形短总状花序；花冠蓝紫色，旗瓣长10～15毫米，瓣片宽圆形，先端深凹，翼瓣瓣片倒卵状长圆形，龙骨瓣稍短于翼瓣，喙长约1毫米。荚果长圆状圆柱形，长约20毫米，宽33毫米，被贴伏白色短柔毛。花期6～7月。生高山草甸、河漫滩草地、沟边草地、高山灌丛草甸；海拔4500～5550米。产噶尔、札达、普兰、仲巴、双湖、革吉、安多、类乌齐、定结、定日、错那、八宿；新疆；阿尔泰山和哈萨克斯坦。

181 细小棘豆
Oxytropis pusilla

多年生矮小草本；高达5厘米。茎短缩，疏丛生。羽状复叶长2～7厘米；小叶7～13，排列较疏，披针形至线状披针形，长0.5～1厘米，两面近无毛，有时下面疏被白色长柔毛，具缘毛。2～5花组成伞形总状花序；花冠紫红色，旗瓣长5～7毫米，瓣片长圆形，翼瓣短于旗瓣，先端全缘，龙骨瓣短于翼瓣，喙长约0.3毫米。荚果长圆状圆柱形，长1～1.2厘米，被贴伏的黑色短柔毛。花果期6～8月。生河滩或湖边草甸、溪边及高山草地；海拔3800～5100米。产札达、普兰、仲巴、萨噶、聂拉木、定结、八宿、左贡。

182 云南棘豆
Oxytropis yunnanensis

多年生草本；高达15厘米。茎缩短，基部有分枝，疏丛生。奇数羽状复叶长3～5厘米；小叶9～23，披针形，长5～7毫米，先端渐尖或急尖，基部圆，两面疏被白色短柔毛。花冠蓝紫或紫红色，旗瓣长1～1.3厘米，瓣片宽卵形或宽倒卵形，先端2浅裂，翼瓣稍短；龙骨瓣比翼瓣短，喙长约1毫米。荚果膜质，矩圆形，长2～3厘米，密被黑色贴伏短柔毛。花果期7～9月。生山坡灌丛草地、冲积地、石质山坡岩缝中；海拔3500～4600米。产八宿、察隅；四川、云南。

183 胀果棘豆
Oxytropis stracheyana

多年生矮小草本。密被毛。高达3厘米，茎短缩。奇数羽状复叶长2～3厘米；小叶3～9，长圆形，长3～7毫米，先端纯，两面密被灰黄或灰白色柔毛。花冠粉红、淡蓝或紫红色，旗瓣长2.3～2.5厘米，瓣片宽卵状长圆形，翼瓣瓣片倒卵状长圆形，龙骨瓣喙长约2毫米。荚果卵圆形，膜质，膨胀，长约1.2厘米，密被白色绢状长柔毛。花果期7～9月。生山坡草地、石灰岩山坡、岩缝、河滩砾石草地、灌丛下；海拔3900～5200米。产札达、普兰、改则、申札、萨噶、定日、双湖、班戈、乃东、那曲、安多、八宿；青海；巴基斯坦、印度。

藏豆属 *Stracheya*

184 藏豆
Stracheya tibetica

多年生草木；高达5厘米。茎短，被宿存托叶所包。奇数羽状复叶，长4～8厘米，簇生；小叶11～15，长卵形或椭圆形，长0.8～1厘米，两面被长柔毛。总状花序腋生；花1～6，近伞房状排列；花冠玫瑰紫或深红色，旗瓣倒长卵形，长1.6～1.8厘米，翼瓣窄长圆形，龙骨瓣与旗瓣近等长。荚果两侧稍膨胀，被柔毛，边缘和两侧具刺。花果期7～9月。生砾石洪积扇边、沼泽草地、河漫滩砂砾地、高原湖泊旁的针茅草地；海拔4000～4800米。产巴青、索县、隆子、曲水、当雄、亚东、康马、浪卡子、江孜、日喀则、定日、聂拉木、仲巴、那曲、班戈、申扎、措勤、普兰、札达、噶尔；尼泊尔、印度、克什米尔。

二十、蔷薇科 Rosaceae

绣线菊属 *Spiraea*

185 川滇绣线菊 *Spiraea schneideriana*

灌木；高达2米。小枝有棱角，幼时被细长柔毛，后渐脱落。叶卵形或卵状长圆形，长0.8～1.5厘米，先端钝圆或微尖，基部楔形或圆，全缘，稀先端有少数锯齿。复伞房花序着生侧枝顶端；花瓣圆形或卵形，白色，长2～2.5毫米；雄蕊20；花柱短于雄蕊。蓇葖果开张。花果期5～9月。生山地冷杉林缘，潮湿桦木林下或灌丛中；海拔3000～4100米。产芒康、察隅、波密、墨脱、林芝、隆子、错那、洛扎、拉萨；湖北、四川、云南。

186 高山绣线菊 *Spiraea alpina*

灌木；高达1.2米。小枝幼时被柔毛，老时无毛。叶多数簇生，线状披针形或长圆状倒卵形，长0.7～1.6厘米，先端尖，稀钝圆，全缘，两面无毛，下面具粉霜。伞形总状花序有3～15花；花瓣倒卵形或近圆形，先端钝圆或微凹，长与宽均2～3毫米，白色；雄蕊20；花柱短于雄蕊。蓇葖果开张。花果期6～9月。生高山岩石坡、谷地或河岸阶地的杂木林内、灌丛中或沟谷草甸；海拔3500～4600米。产昌都、察雅、八宿、左贡、类乌齐、波密、墨竹工卡、洛隆、巴青、工布江达、定结、吉隆；陕西、甘肃、青海、四川；蒙古、西伯利亚。

鲜卑花属 *Sibiraea*

187 窄叶鲜卑花 *Sibiraea angustata*

灌木；高约2.5米。幼枝微被柔毛，老时无毛。冬芽微被柔毛。叶在当年生枝上互生，在老枝上丛生，叶窄披针形或倒披针形，长2～8厘米，先端尖，基部楔形，全缘；叶柄极短。穗状花序顶生；花瓣5，白色，宽倒卵形；雄花具雄蕊20～25；雌蕊5，子房无毛。蓇葖果直立，长约4毫米，萼片宿存。花期6月，果期8～9月。生高山灌丛以及河边路旁等处；海拔3200～4600米。产察隅、左贡、八宿、昌都、江达、类乌齐、林芝、洛隆、索县、比如、嘉黎、墨竹工卡、林周；青海、甘肃、云南、四川等省。

栒子属 *Cotoneaster*

188 灰栒子 *Cotoneaster acutifolius*

落叶灌木；高达4米。小枝圆，幼时被长柔毛。叶椭圆状卵形或长圆状卵形，长2～4厘米，先端急尖，稀渐尖，基部宽楔形，全缘。聚伞状伞房花序具2～5花，被长柔毛；花瓣5，直立，宽倒卵形或长圆形，白色带红晕；雄蕊10～15，比花瓣短；花柱通常2。果椭圆形，稀倒卵圆形，径6～8毫米，具长柔毛，成熟时黑色，小核2～3。花期5～6月，果期9～10月。生于山坡、山谷溪边潮湿地或针叶林内及林缘；海拔2900～3100米。产江达、贡觉、芒康、察雅、波密、林芝、米林、错那、亚东、定结、聂拉木；内蒙古、河北、山西、河南、湖北、陕西、甘肃、青海；蒙古。

189 匍匐栒子
Cotoneaster adpressus

落叶匍匐灌木。茎平铺地上。幼枝具糙伏毛，渐脱落。叶薄纸质，宽卵形或倒卵形，稀椭圆形，长0.5～1.5厘米，先端圆钝或稍尖，基部楔形，叶缘波状。花1～2朵，几无梗，花瓣直立，倒卵形，宽长近相等，先端微凹或圆钝，粉红色；雄蕊约10～15，短于花瓣；花柱2～3离生。果近球形，成熟时鲜红色。花期5～6月，果期8～9月。生山坡灌丛、杂木林缘或河滩草地；海拔3700～4600米。产江达、昌都、类乌齐、索县、左贡、察雅、芒康、察隅、八宿、波密、隆子、错那、拉萨、贡噶、曲水、仁布、浪卡子、江孜、南木林、日喀则、聂拉木、吉隆；陕西、甘肃、青海、湖北、四川、云南、贵州；缅甸、尼泊尔、印度（东北部）。

花楸属 *Sorbus*

190 西南花楸
Sorbus rehderiana

灌木或小乔木；高达8米。小枝无毛；奇数羽状复叶连叶柄长10～15厘米；小叶7～9（10）对，间隔1～1.5厘米，长圆形或长圆状披针形，长2.5～5厘米，宽1～1.5厘米，先端常急尖或钝圆，基部偏斜圆或宽楔形，近基部1/3以上具细锐锯齿，每侧锯齿10～20。复伞房花序具密集花朵；花瓣5，宽卵形或椭圆状卵形，长3～4（5）毫米，白色；雄蕊20，稍短于花瓣；花柱5，稀4，离生，几与雄蕊等长；果卵圆形，径6～8毫米，成熟时粉红或深红色，萼片宿存。花期6～7月，果期8～9月。生山坡冷杉、云杉林下、河谷杂木林及沟谷灌丛中；海拔3300～4400米。产类乌齐、昌都、察雅、贡觉、八宿、芒康、察隅、波密、米林、林芝、比如、嘉黎、工布江达、隆子、错那、亚东、聂拉木；四川、云南；缅甸（北部）。

悬钩子属 *Rubus*

191 黄色悬钩子 *Rubus lutescens*

低矮亚灌木；高10～50厘米。茎直立，单生或近单生。小叶7～11枚，在花枝顶端花下部有时具5小叶，叶片宽卵形、菱状卵形，稀长圆形，长1.5～5厘米，宽1～3（～4）厘米，顶端急尖，稀圆钝。花常1～2朵，顶生或腋生，有时3～4朵生于枝顶；花瓣倒卵形或近圆形，白色变浅黄色；子房密被灰白色细柔毛。果实球形，直径1.4～2厘米，黄红色，密被细柔毛。花期5～6月，果期7～8月。生山沟灌丛、山坡草地或云杉林缘；海拔3500～4100米。产江达、贡觉、察雅、左贡、察隅、类乌齐；四川、云南。

无尾果属 *Coluria*

192 无尾果 *Coluria longifolia*

多年生草本。基生叶为单数羽状复叶，长5～10厘米；小叶9～20对，上部者较大，向下渐小，无柄；上部小叶紧密排列无间隙，宽卵形或近圆形，基部歪形，有锐锯齿及黄色长缘毛；下部小叶卵形或长圆形；茎生叶1～4，宽线形，长1～1.5厘米，羽裂或3裂。花茎直立，高达20厘米；聚伞花序有2～4花，稀具1花；萼片三角状卵形，副萼片长圆形；花瓣倒卵形或倒心形，长5～7毫米，黄色，先端微凹；心皮数个。瘦果长圆形，长2毫米，熟时黑褐色。花果期7～9月。生灌丛草甸、砾石坡和干水沟边；海拔4400～5000米。产芒康、八宿、类乌齐、丁青、比如；甘肃、青海、四川、云南。

草莓属 *Fragaria*

193 西南草莓
Fragaria moupinensis

多年生草本；高达15厘米。茎被开展白色绢状柔毛；叶为羽状5小叶，或3小叶；小叶质较薄，椭圆形或倒卵形，长0.7～4厘米，先端圆钝。花序呈聚伞状，有1～4花；花两性，径1～2厘米；萼片卵状披针形，副萼片披针形或线状披针形；花瓣5，白色，倒卵形或近圆形；雄蕊20～34。聚合果椭圆形或卵圆形；宿萼直立，紧贴于果实；瘦果卵圆形。花期5～6（～8）月，果期6～7月。生林下、草地；海拔2550～4000米。产八宿、波密、米林；陕西、甘肃、四川、云南。

委陵菜属 *Potentilla*

194 垫状金露梅
Potentilla fruticosa var. *pumila*

垫状灌木，密集丛生；高5～10厘米。羽状复叶，小叶片5，椭圆形，长3～5毫米，宽3～4毫米，上面密被伏毛，下面网脉明显，几无毛或被稀疏柔毛，叶边缘反卷。单花顶生，花直径1～1.5厘米，几无柄或柄极短，萼片卵形，副萼片披针形至倒卵状披针形；花瓣5，黄色，宽倒卵形。瘦果近卵圆形，熟时褐棕色。花果期6～9月。生高山草甸或山坡灌丛中以及砾石坡上；海拔3800～5450米。产双湖、班戈、申札、定日、聂拉木、仲巴和札达；喀喇昆仑、克什米尔、尼泊尔、印度、不丹。

195 银露梅
Potentilla glabra

灌木；高达2（～3）米。小枝灰褐或紫褐色，疏被柔毛。羽状复叶，有3～5小叶，上面1对小叶基部下延与轴合生；小叶椭圆形、倒卵状椭圆形或卵状椭圆形，长0.5～1.2厘米，先端圆钝或急尖，基部楔形或近圆形，边缘全缘。单花或数朵顶生；花径1.5～2.5（～3.5）厘米；萼片卵形，副萼片披针形、倒卵状披针形或卵形；花瓣5，白色，倒卵形。瘦果被毛。花果期6～11月。生山坡、云杉林缘以及河边湿地；海拔3450～4500米。产察隅、芒康、左贡、昌都、类乌齐和比如；内蒙古、河北、山西、陕西、甘肃、青海、安徽、湖北、四川、云南；朝鲜、蒙古。

196 小叶金露梅
Potentilla parvifolia

灌木；高达1.5米。小枝灰或灰褐色，幼时被灰白色柔毛或绢毛。羽状复叶，有（3～）5～7小叶，基部2对常较靠拢近掌状或轮状排列；小叶小，披针形、带状披针形或倒卵状披针形，长0.7～1厘米，先端常渐尖，稀圆钝，基部楔形，边缘全缘。单花或数朵，顶生；花径1～1.2（2.2）厘米；萼片卵形，副萼片披针形、卵状披针形或倒卵披针形；花瓣5，黄色，宽倒卵形。瘦果被毛。花果期6～8月。生高山草甸和灌丛、湖边河滩草地以及沟谷等处；海拔3800～5500米。产察雅、八宿、洛隆、比如、索县、工布江达、尼木、南木林、班戈、双湖、定日、聂拉木、吉隆、萨噶仲巴、普兰、札达、革吉、噶尔、日土；黑龙江、内蒙古、甘肃、青海、四川；蒙古、克什米尔、尼泊尔。

197 矮生二裂委陵菜
Potentilla bifurca var. *humilior*

多年生草本或亚灌木。根圆柱形，木质。花茎长在7厘米以下。羽状复叶，有小叶3～5（～6）对，小叶片对生稀互生，椭圆形或倒卵椭圆形，长0.5～1.5厘米，宽0.4～0.8厘米，全缘偶有顶端2裂，基部楔形或宽楔形。花常单生，直径0.7～1厘米；萼片卵圆形，副萼片椭圆形；花瓣5，黄色，倒卵形，顶端圆钝；花柱侧生。瘦果表面光滑。花果期5～9月。生山坡草地、河谷干旱山坡、山沟砂砾地以及湖边等处；海拔3700～5200米。产芒康、昌都、巴青、索县、波密、隆子、措美、墨竹工卡、当雄、仁布、白朗、日喀则、南木林、康马、定日、聂拉木、那曲、班戈、双湖、申札、措勤、改则、札达；内蒙古、河北、山西、陕西、甘肃、青海、宁夏、新疆和四川；蒙古。

198 楔叶委陵菜
Potentilla cuneata

矮小丛生亚灌木或多年生草本。花茎木质，直立或上升；高达12厘米，被紧贴疏柔毛。基生叶为3出复叶；小叶亚革质，倒卵形、椭圆形或长椭圆形，长0.6～1.5厘米，先端截形或钝圆，有3齿，其下全缘，基部楔形。单花或2朵；花径1.8～2.5厘米；萼片三角状卵形，副萼片长椭圆形；花瓣5，黄色，宽倒卵形；花柱近基生。瘦果被长柔毛。花果期6～10月。生山坡草甸中、山坡岩石缝或河滩沼泽地；海拔2700～4500米。产察隅、波密、墨脱、错那、亚东、定结、定日、聂拉木、吉隆；四川、云南；克什米尔、尼泊尔、印度、不丹。

199 毛果委陵菜
Potentilla eriocarpa

矮小丛生亚灌木。基生叶三出掌状复叶，小叶倒卵状椭圆形、倒卵状楔形或棱状椭圆形，上半部有5～7牙齿状深锯齿，下半部全缘；茎生叶无或仅有苞叶或偶有3小叶。花1～3，顶生；花径2～2.5厘米；萼片三角状卵形，副萼片长椭圆形或椭圆披针形；花瓣5，黄色，宽倒卵形；花柱近顶生。瘦果被长柔毛。花果期7～10月。生高山草甸及灌丛下或山坡石缝中；海拔4300～5300米。产察隅、波密、措美、南木林、昂仁、萨噶、仲巴、噶尔；陕西、四川、云南；克什米尔、尼泊尔、不丹、印度（东北部）。

200 五叶双花委陵菜
Potentilla biflora var. *lahulensis*

多年生垫状草本。根粗壮，圆柱形。花茎直立，高4～12厘米，被疏柔毛。基生叶羽状至近掌状5出复叶；小叶片线形，长0.8～1.7厘米，宽1～3毫米，边缘全缘，向下反卷。花直径1.5～1.8厘米；萼片三角卵形，副萼片披针形；花瓣5，黄色，长倒卵形，顶端下凹；花柱近顶生。瘦果脐部有毛，表面光滑。花果期6～8月。生高山石峰、高山草甸、多砾石坡；海拔3700～4800米。产西藏、甘肃、四川。

201 关节委陵菜
Potentilla articulata

多年生垫状草本。根粗壮，圆柱形，木质。花茎丛生，高1.5～3厘米。基生叶为3小叶，小叶片无柄，带状披针形，长0.5～1.5厘米，宽约0.2厘米，边缘全缘。单花，花直径达1.5厘米；萼片三角卵形，副萼片椭圆披针形；花瓣黄色，倒卵形，顶端微凹；花柱近顶生。瘦果表面光滑。花期6～9月。生高山流石滩雪线附近；海拔4200～4800米。产察隅；云南（丽江、中甸）、四川（木里）。本种与五叶双花委陵菜相近，但本种掌状复叶3小叶，易于区分。

202 小叶委陵菜
Potentilla microphylla

多年生矮小草本，常呈垫状。老根常木质化，圆柱形。花茎直立，高2～3厘米，被伏生白色柔毛。基生叶羽状复叶，有小叶6～12对，小叶片椭圆形或近圆形，长约0.5厘米，宽约0.25厘米，羽状深裂，几达叶片之半，裂片披针形，有1小形茎生叶，全缘或分裂。单花顶生稀2朵；花直径1.5～2厘米；萼片三角卵形，副萼片披针形或椭圆披针形；花瓣倒卵形，顶端圆钝；花柱侧生。瘦果具脉纹。花果期6～8月。生山顶草甸、山坡岩石缝以及山坡灌丛中；海拔3800～4600米。产察隅、错那、亚东、普兰；云南；印度（东北部）、尼泊尔。

203 蕨麻　蕨麻委陵菜

Potentilla anserina

多年生草本。根向下延长，有时在根的下部长成纺锤形或椭圆形块根。茎匍匐，节处生根，常着地长出新植物。间断羽状复叶，有6～11对小叶，小叶椭圆形、卵状披针形或长椭圆形，有多数尖锐锯齿或呈裂片状，下面密被紧贴银白色绢毛。单花腋生；花径1.5～2厘米；萼片三角状卵形，副萼片椭圆形或椭圆状披针形；花瓣黄色，倒卵形；花柱侧生。花果期4～9月。生湖边沟谷草甸、山坡湿润草地、河滩草地以及水渠旁；海拔2600～4750米。产芒康、察雅、江达、昌都、八宿、波密、林芝、朗县、措美、隆子、索县、嘉黎、那曲、拉萨、康马、日喀则、仁布、拉孜、定日、聂拉木、吉隆、仲巴、札达；东北、西北、华北、西南；广布于北半球温带、拉丁美洲（智利）和大洋洲（新西兰及塔斯马尼亚岛）等地。根肥厚，含淀粉可食，可以入药，因有人参果之名。

204 多裂委陵菜

Potentilla multifida

多年生草本。根圆柱形，稍木质化。花茎上升，稀直立，高12～40厘米，被紧贴或开展短柔毛或绢状柔毛。羽状复叶，有小叶3～5（6）对；小叶片对生稀互生，羽状深裂几达中脉，长椭圆形或宽卵形，裂片带形或带状披针形。伞房状聚伞花序；萼片三角状卵形，副萼片披针形或椭圆披针形；花瓣5，黄色，倒卵形，顶端微凹；花柱圆锥形，近顶生。瘦果平滑或具皱纹。花期5～8月。生沟谷、河滩、林缘草地或灌丛草地中；海拔2600～4800米。产贡觉、芒康、波密、林芝、隆子、错那、定日、聂拉木、吉隆、普兰、比如、巴青、班戈、改则、噶尔；东北、西北、华北、西南；广布于北半球欧、亚、美三洲。

205 多茎委陵菜
Potentilla multicaulis

多年生草本。根粗壮，圆柱形。羽状复叶，有小叶4～6对，稀达8对，小叶片对生稀互生，椭圆形至倒卵形，边缘羽状深裂，裂片带形，排列较为整齐。聚伞花序多花，初开时密集，花后疏散；花直径0.8～1厘米；萼片三角卵形，副萼片狭披针形；花瓣5，黄色，倒卵形或近圆形，顶端微凹；花柱近顶生，圆柱形。瘦果卵球形有皱纹。花果期4～9月。生山坡草地、高山流石滩上；海拔3800～5500米。产芒康、班戈、双湖、日土；辽宁、内蒙古、河北、河南、山西、陕西、甘肃、宁夏、青海、新疆、四川。

206 钉柱委陵菜
Potentilla saundersiana

多年生草本。3～5掌状复叶，被白色绒毛及疏长柔毛，小叶长圆状倒卵形，长0.5～2厘米，先端圆钝或急尖，基部楔形，有多数缺刻状锯齿。聚伞花序顶生，有花多朵，疏散；花直径1～1.4厘米；萼片三角卵形或三角披针形，副萼片披针形；花瓣黄色，倒卵形，顶端下凹；花柱近顶生。瘦果光滑。花果期6～8月。生高山灌丛草甸、山坡和河滩草地以及沼泽草地等处；海拔3500～5300米。产江达、昌都、芒康、察隅、八宿、波密、米林、朗县、索县、安多、那曲、拉萨、班戈、措美、亚东、南木林、萨迦、拉孜、昂仁、定日、聂拉木、吉隆、萨噶、仲巴、措勤、双湖、改则、普兰、札达、日土；山西、陕西、甘肃、宁夏、新疆、青海、四川、云南；尼泊尔、不丹。

207 羽叶钉柱委陵菜
Potentilla saundersiana var. *subpinnata*

本变种与模式变种的区别：基生叶小叶（3～）5～7（～8），近羽状排列，上面密被伏生绢状柔毛；副萼片先端急尖或有1～2裂齿。生河边石砾地；海拔5000米。产班戈；四川、云南。

208 腺粒委陵菜
Potentilla granulosa

多年生草本。根粗壮，圆柱形。小叶4～8对，小叶对生或互生；小叶片椭圆形、长圆形或长圆披针形，通常长1～2厘米，宽0.5～1厘米，边缘羽状深裂几达中脉，裂片带形。花茎直立或上升，高10～20厘米；伞房状聚伞花序，疏散；花梗长1～3.5厘米，被短柔毛和腺体；花直径约1.5厘米；萼片三角卵形，副萼片椭圆披针形；花瓣黄色，宽倒卵形；雄蕊约20枚。花期7～8月。生高山草地；海拔3400～4200米。产江达、昌都；四川。

山莓草属 *Sibbaldia*

209 四蕊山莓草 *Sibbaldia tetrandra*

丛生或垫状多年生草本。根粗壮，圆柱形。三出复叶，小叶倒卵长圆形，长5～8毫米，宽3～4毫米，顶端截平，有3齿，基部楔形。花1～2顶生；花直径4～8毫米；萼片4，三角卵形，副萼片披针形或卵形；花瓣4，黄色，倒卵长圆形；雄蕊4，插生在花盘外面，花盘宽阔，4裂；花柱侧生。瘦果光滑。花果期5～8月。生山坡草地、砾石坡上；海拔4500～5400（～6000）米。产昌都、巴青、比如、拉萨、申札、定结、拉孜、定日、聂拉木；青海、新疆；克什米尔、尼泊尔和印度。

210 楔叶山莓草 *Sibbaldia cuneata*

多年生草本。根状茎粗壮，匍匐。叶为三出复叶，小叶宽倒卵形至宽椭圆形，先端截形，常有3～5卵形急尖或圆钝锯齿。花茎直立或上升；花多数密集呈伞房状；花直径5～7毫米；萼片卵形或长圆形，副萼片披针形；花瓣黄色，倒卵形；雄蕊5;花柱侧生。瘦果光滑。花果期5～10月。生河滩草地、林下灌丛以及山坡砂砾地等处；海拔3300～4800米。产察隅、波密、林芝、错那、比如、丁青、定结、亚东、聂拉木；云南、四川；中亚、阿富汗、喜马拉雅山区。

蔷薇属 *Rosa*

211 川西蔷薇　西康蔷薇
Rosa sikangensis

小灌木。小枝近无毛，有成对或散生皮刺，常混生细密针刺。小叶7～9（～13），长圆形或倒卵形，长0.6～1厘米，先端圆钝或平截，有细密重锯齿；托叶宽，大部贴生叶柄，离生部分卵形或镰刀状，边缘有腺，有毛或无毛。花单生，径约2.5厘米；花瓣4，白色，倒卵形，先端凹；花柱离生，被长柔毛，比雄蕊短。蔷薇果球形，径约1厘米，熟时红色，外面有腺毛。花期5～6月，果期8～9月。生山坡灌丛中、山坡沟谷和田边等处；海拔2550～4300米。产察隅、八宿、波密、林芝、米林、比如、林周、隆子、洛扎、定日、聂拉木、吉隆、普兰；四川、云南。

212 扁刺蔷薇
Rosa sweginzowii

灌木；高达5米。小枝无毛或有稀疏短柔毛，有基部膨大扁平皮刺，有时老枝常混有针刺。小叶7～11；小叶椭圆形或卵状长圆形，长2～5厘米，有重锯齿；托叶大部贴生叶柄，离生部分卵状披针形，边缘有腺齿。花单生或2～3簇生；花瓣粉红色，宽倒卵形，先端微凹；花柱离生，密被柔毛，短于雄蕊。蔷薇果长圆形或倒卵状长圆形，顶端有短颈，长1.5～2.5厘米，熟时紫红色，外面常有腺毛；宿萼直立。花期6～7月，果期8～11月。多生山坡灌丛中、山谷或路边以及松林下；海拔3300～3500米。产洛隆、波密、米林、隆子、亚东、吉隆；云南、四川、湖北、陕西、甘肃、青海。

213 西藏蔷薇 *Rosa tibetica*

小灌木。小枝稍弯曲，无毛，有成对或散生浅黄色直立皮刺，常混有针刺。小叶5～7；小叶片长圆形，长1～1.3厘米，宽5～8毫米，先端圆钝，基部近圆形或宽楔形，边缘有重锯齿；托叶大部贴生于叶柄，离生部分卵形，先端短尖，边缘有腺毛。花单生，直径3.5～4厘米；花瓣白色，宽倒卵形，先端圆钝；花柱离生，稍伸出，密被白色长柔毛。果卵球形，直径1～1.2厘米，光滑无毛，萼片直立宿存。生云杉林下或杨、桦次生林下；海拔3800～4000米。产八宿、洛隆、波密。

马蹄黄属 *Spenceria*

214 马蹄黄 *Spenceria ramalana*

多年生草本；高达32厘米。全株密被白色长柔毛。根状茎木质；茎直立，带红褐色，疏被白色长柔毛或绢状柔毛。基生叶为奇数羽状复叶，小叶13（～21），对生，稀互生，宽椭圆形或倒卵状长圆形，长1～2.5厘米，先端2～3浅裂，基部圆，全缘，两面被绢状柔毛；茎生叶的小叶少或为单叶。总状花序顶生，具12～15花，排列稀疏；花径约2厘米；副萼片5，合生成漏斗状；萼片4～5，披针形；花瓣5，黄色，倒卵形；雄蕊35～40；心皮2（～1），花柱2，离生，伸出花外。瘦果近球形，径3～4毫米，熟时黄褐色，包在萼筒内。花期7～8月，果期9～10月。生山坡草地、林间草甸、山坡灌丛中；海拔3650～5000米。产芒康、左贡、贡觉、江达、类乌齐、丁青、林芝、朗县、加查、工布江达、林周；四川、云南。

二十一、胡颓子科 Elaeagnaceae

沙棘属 *Hippophae*

215 肋果沙棘
Hippophae neurocarpa

落叶灌木或小乔木；高达5米。幼枝黄褐色，老枝灰棕色，先端刺状。叶互生，线形或线状披针形，长2～6（～8）厘米，宽1.5～5毫米，先端尖，上面幼时密被银白色鳞片或灰绿色星状毛，后星状毛多脱落，下面密被银白色鳞片和星状毛。花序生于幼枝基部，密生成短总状花序；花小，雌雄异株，先叶开放；雄花黄绿色，花萼2深裂，雄蕊4；雌花黄绿色，花萼上部2浅裂，裂片近圆形，具银白色及褐色鳞片，花柱圆，伸出花萼。果圆柱形，弯曲，具5～7纵肋，长6～8（～9）毫米，顶端凹下，熟时褐色，肉质，密被银白或淡白色鳞片。生河谷、阶地、河漫滩，常形成灌木林；海拔3400～4300米。产类乌齐；青海、四川、甘肃。

二十二、荨麻科 Urticaceae

荨麻属 *Urtica*

216 异株荨麻
Urtica dioica

多年生草本；高达1米。茎自基部多出，带淡紫色，疏生刺毛和糙毛。叶卵形或披针形，稀长圆状披针形，长3～8厘米，先端渐尖，基部圆或心形，具细牙齿，上面疏生刺毛和糙毛，下面被柔毛和脉上疏生刺毛。花雌雄同株，雄花序圆锥状，生下部叶腋，雌花序近穗状或具少数分枝，生上部叶腋，花序长2～7厘米，多少下垂。瘦果三角状卵形，稍压扁；宿存花被膜质，被细糙毛和1～2根刺毛。花期6～7月，果期8～10月。生山坡草地；海拔3200～4800米。产札达；青海、新疆；喜马拉雅山脉（西部）、亚洲（西部）、欧洲和非洲（北部）。

217 高原荨麻
Urtica hyperborea

多年生草本，丛生；高达50厘米。茎具稍密刺毛和稀疏微柔毛。叶卵形或心形，长1.5～7厘米，先端短渐尖或尖，基部心形，具7～8对牙齿，上面有刺毛和稀疏糙伏毛，下面有刺毛和稀疏微柔毛，钟乳体在叶上面明显。花序短穗状，稀近簇生状。瘦果长圆状卵圆形，长约2毫米，苍白或灰白色，光滑；花被宿存。花期6～7月，果期8～9月。生高山石砾地、岩缝或山坡草地；海拔4500～5200米。产聂拉木、定日、萨迦、南木林、尼木、那曲、班戈、改则、双湖；四川（甘孜）、青海、甘肃；印度。

二十三、桦木科 Betulaceae

桦木属 *Betula*

218 白桦
Betula platyphylla

乔木；高可达27米。树皮灰白色，成层剥裂。枝条暗灰色或暗褐色。叶厚纸质，三角状卵形，三角状菱形，三角形，少有菱状卵形和宽卵形，长3～9厘米，宽2～7.5厘米，顶端锐尖、渐尖至尾状渐尖，基部截形，宽楔形或楔形，有时微心形或近圆形，边缘具重锯齿，有时具缺刻状重锯齿或单齿，侧脉5～7（～8）对。果序单生，圆柱形或矩圆状圆柱形，通常下垂；果苞长5～7毫米，基部楔形或宽楔形，中裂片三角状卵形，侧裂片卵形或近圆形；小坚果狭矩圆形、矩圆形或卵形，膜质翅较果长1/3。生阴坡或半阴坡林中；海拔3500～4100米。产江达、索县、波密、林芝、米林、隆子、泽当；东北、华北、甘肃、青海以及西南各省区；蒙古、朝鲜、日本。

鹅耳枥属 *Carpinus*

219 云南鹅耳枥
Carpinus monbeigiana

乔木；高8～16米。树皮灰色。小枝暗灰褐色，初时密被短柔毛，后变无毛。叶厚纸质，矩圆状披针形、长椭圆形、卵状披针形，长5～11厘米，宽2.8～4厘米，顶端锐尖、渐尖或长渐尖，基部圆形、微心形、圆楔形，边缘具重锯齿，有时齿尖呈刺毛状，侧脉14～18对；叶柄粗短，长约1厘米，密被黄色短柔毛。果序长5～8厘米，直径约2厘米；序轴曲折，密被黄色长粗毛；果苞半卵形；小坚果宽卵圆形。生河谷林中；海拔2050～2400米。产波密；云南（西北部和中部）。

二十四、梅花草科 Parnassiaceae

梅花草属 *Parnassia*

220 三脉梅花草
Parnassia trinervis

多年生草本；高7～20厘米。茎（1～）2～4（～8）；叶4～10，长圆形、长圆状披针形或卵状长圆形，长0.8～1.5厘米，先端尖，基部微心形、平截或下延至叶柄，有突起3～5脉。花单生茎顶，径约1厘米；萼片披针形或长圆披针形，有3脉；花瓣白色，披针形，长约7.8厘米，先端圆，基部楔形下延成爪，边全缘，有3脉；雄蕊5，花丝不等长，退化雄蕊5，扁平，先端1/3浅裂，裂片短棒状；子房半下位，花柱极短，柱头3裂。蒴果3裂。生山谷潮湿地、沼泽草甸或河滩上；海拔3800～4700米。产仲巴、萨噶、昂仁、南木林、亚东、乃东、那曲、林芝；甘肃、青海、四川。

二十五、堇菜科 Violaceae

堇菜属 *Viola*

221 双花堇菜 *Viola biflora*

多年生草本；高达25厘米。基生叶具长柄，叶肾形，宽卵形或近圆形，长1～3厘米，先端钝圆，基部深心形或心形，具钝齿；茎生叶具短柄，叶较小；托叶离生，卵形或卵状披针形，全缘或疏生细齿。花黄或淡黄色；花瓣长圆状倒卵形，长6～8毫米，具紫色脉纹，侧瓣内面无须毛，下瓣连短筒状距长约1厘米，距长2～2.5毫米。蒴果长圆状卵形。花果期5～9月。生高山及亚高山地带草甸、灌丛或林缘、岩石缝隙间；海拔2700～4100米。产江达、类乌齐、察隅、波密、嘉黎、亚东、聂拉木、吉隆；西北、华北、东北、云南、四川；欧洲、中亚、西伯利亚、克什米尔、印度（东北部）、喜马拉雅山区、朝鲜（北部）、日本、北美（西北部）。

222 西藏堇菜 *Viola kunawarensis*

多年生草本；高达6厘米。叶基生，莲座状；叶厚纸质，卵形或椭圆形，长0.5～2厘米，先端钝，基部楔形，全缘或疏生浅圆齿；叶柄较叶片稍长或近等长；托叶膜质，1/2～2/3与叶柄合生。花小，深蓝紫色；花瓣长圆状倒卵形，长0.7～1厘米，先端钝圆，基部稍窄，侧瓣无须毛，下瓣稍短、有囊状短距。蒴果卵形。花期6～7月，果期7～8月。生高山及亚高山草甸，或亚高山灌丛中，多见于岩石缝隙或碎石堆边的阴湿处；海拔3200～5100米。产索县、那曲、安多、洛扎、康马、江孜、亚东、定日、聂拉木、吉隆、噶尔；青海、甘肃、四川（西北部）；喜马拉雅山区、中亚、阿富汗、印度（西北部）、克什米尔。

二十六、杨柳科 Salicaceae

柳属 *Salix*

223 褐背柳 *Salix daltoniana*

灌木或小乔木；幼枝被疏柔毛。芽黑紫色，有时有白粉。叶披针形、长圆形或椭圆形，长4.5～9厘米，先端尖，基部楔形或圆，侧脉11～14（～18）对，无毛或脉上有柔毛，幼叶散生柔毛，下面密被伏生铅灰色绢毛，叶脉不明显，多全缘，少有极不明显细腺齿。花序有梗，梗上着生2～5小叶，花叶同放；雌花序长4～6（～7）厘米，果序长达10厘米以上；子房密被柔毛，花柱2深裂，柱头2裂，紫红色。蒴果卵状圆锥形。花期5～6月，果期7～8月。生山坡灌丛中；海拔3000～4400米。产吉隆、聂拉木、定结、亚东、错那、林芝；不丹、尼泊尔、印度。

224 黄花垫柳 *Salix souliei*

垫状灌木。小枝无毛或有疏白柔毛。叶椭圆形或卵状椭圆形，长0.8～1.3厘米，萌枝叶长达2.7厘米，宽达1.2厘米，全缘，革质，上面具皱纹，无毛，中脉凹下，下面苍白色或有白粉，幼时密生白色柔毛，后无毛，侧脉不显，全缘。花序与叶同放，椭圆形，少花，顶生，轴有疏柔毛；雄蕊2，花丝无毛；苞片长圆形，约为雄蕊长1/2；子房有短柄，无毛，花柱短，2裂，柱头长圆形，2裂；苞片长圆形，无毛。蒴果长达3毫米。花期6月，果期7～8月。生高山草地或裸露岩石上；海拔4200～4900米。产波密、八宿、比如、亚东；四川（西部）、云南（西北部）、青海（东南部）。

225 吉拉柳
Salix gilashanica

灌木。小枝黑紫或褐色，较粗，光滑。叶倒卵状椭圆形、倒卵形或椭圆形，长3～5厘米，无毛，具腺齿或近全缘，先端尖或近圆，基部钝或近圆，两面无毛，或中脉稍有柔毛，下面色浅或有白粉；叶柄带红色。花序短圆柱形或圆柱形，长1.5～2.5（3.5）厘米；苞片椭圆形或宽倒卵形，先端圆或平截，两面有毛；雄蕊2，比苞片长1倍；子房密被柔毛，花柱约与子房等长，2中裂。果序长达5厘米；蒴果长6毫米。花期7月中旬，果期8月。生山坡灌丛；海拔3100～4660米。产左贡、昌都、林芝、墨竹工卡、加查、朗县、错那；云南（西北部）、四川（西部）、青海（东南部）。

226 眉柳　红柄柳
Salix wangiana

灌木；高达3米。小枝暗褐色或带黑色，常直立，无毛叶椭圆形或卵圆形，稀倒卵圆形，长3～5厘米，先端钝，稀圆，基部圆或宽楔形，两面无毛，下面带白色，有疏细齿。花序有短梗，雄花序长1～2.5厘米，轴被长毛；雄蕊2，花丝长为苞片2倍；苞片宽卵形或长圆形，先端有2缺刻，无毛；子房无柄，椭圆状长圆形，无毛，花柱细，长约1.5毫米，柱头2；苞片宽椭圆状长圆形，两面无毛；雌花序在果期长3～6厘米。蒴果连宿存花柱长6～8毫米。花果期5～8月。生山坡灌丛中；海拔3100～4650米。产察隅、林芝、加查、朗县、错那；陕西。

227 坡柳
Salix myrtillacea

灌木。小枝暗紫红色或灰黑色，无毛，有光泽。叶倒卵状长圆形、或倒披针形，稀为倒卵状椭圆形，长3～6厘米，宽1～2厘米，先端急尖，基部近圆形至楔形，两面无毛，下面浅绿色，中脉隆起，边缘有细锯齿。花序先叶开放，无花序梗，长2～3厘米；雄蕊2，花药紫红色；苞片黑色或下部为褐黄色，椭圆形或卵形；子房卵形，密被短柔毛，花柱明显，长约为子房的1/2；苞片特征同雄花。花期4月中下旬，果期5月下旬至6月。生山谷溪流旁；海拔3400～4800米。产亚东、错那、隆子、墨脱；四川（西部）、云南（西北部）、青海和甘肃（东南部）；印度、尼泊尔。

228 奇花柳
Salix atopantha

灌木；高达2米。小枝初有毛，后无毛。叶椭圆状长圆形或长圆形，稀披针形，长1.5～2.5（～4）厘米，上面初有柔毛，后无毛，下面带白色，无毛，有不明显腺齿，稀全缘，侧脉6～7对；花叶同放，花序长圆形或短圆柱形，长1.5～2厘米，具3～4小叶；雄蕊2，花丝中部以上有绵毛；苞片倒卵形，或有不规则浅圆齿，长为花丝1/3～1/2；子房有密绵毛，无柄，花柱及柱头明显，2深裂，红色；苞片倒卵形或椭圆形，常有不明显细圆齿。花期6月上、中旬，果期7月。生山坡或山谷；海拔4100～4300米。产察隅、嘉黎、索县；四川（西部）、青海（东南部）及甘肃（南部）。

229 青藏垫柳 *Salix lindleyana*

垫状灌木。叶倒卵状长圆形、长圆形或倒卵状披针形，长1.2～1.6厘米；萌枝叶长达2.5厘米，宽9毫米，上面无毛，中脉凹下，下面苍白色，无毛；幼叶两面有稀疏柔毛，全缘，常稍反卷。花序与叶同放，卵圆形，每花序有数花，顶生，基部有叶，轴有疏长柔毛或无毛；雄蕊2，花丝基部有长柔毛；苞片宽卵圆形，淡紫红色；子房近无柄，无毛，花柱粗短，顶端2裂，柱头2裂；苞片同雄花。蒴果有短柄。花期6月中下旬，果期7至9月初。生山顶部或山坡灌丛中；海拔4000米以上。产聂拉木、米林；云南（西北）；印度、尼泊尔、巴基斯坦。

230 山生柳 *Salix oritrepha*

直立小灌木；高达1.2米。幼枝被灰绒毛，后无毛。叶椭圆形或卵圆形，长1～1.5厘米，萌枝叶长达2.4厘米，下面灰色或稍苍白色，有疏柔毛，后无毛，叶脉网状凸起，全缘；叶柄紫色。雄花序圆柱形，花密集，具2～3倒卵状椭圆形小叶；花丝离生，中下部有柔毛；雌花序花密生，具2～3叶，轴有柔毛；子房无柄，具长柔毛，花柱2裂，柱头2裂；苞片宽倒卵形，具毛，深紫色。花期6月，果期7月。生山坡灌丛中；海拔3900～4400米。产林周、索县、昌都、类乌齐；四川、青海和甘肃（南部）。

231 乌柳
Salix cheilophila

灌木或小乔木。幼枝被毛，后无毛。芽具长柔毛。叶线形或线状倒披针形，长2.5～3.5（～5）厘米，上面疏被柔毛，下面灰白色，密被绢状柔毛，边缘外卷，上部具腺齿，下部全缘；花叶同放，近无梗，基部具2～3小叶。雄花序长1.5～2.3厘米，密花；雄蕊2，合生；苞片倒卵状长圆形；雌花序长1.3～2厘米，密花，花序轴具柔毛；子房密被短毛，无柄，花柱短或无，柱头小；苞片近圆形，长为子房的2/3。蒴果长3毫米。花期4～5月，果期6月。生山沟水边及林中；海拔2700～4000米。产波密、林芝、隆子、拉萨、日喀则、江孜；云南（西北部）、四川、甘肃、青海、陕西、山西、河南、河北等。

232 硬叶柳
Salix sclerophylla

直立灌木；高达2米。小枝多节，呈串珠状，暗紫红色，或有白粉，无毛。叶革质，椭圆形、倒卵形或宽椭圆形，长2～3.4厘米，两面有柔毛或近无毛，下面淡绿色，全缘。花序椭圆形，长约1厘米，无梗或有短梗，基部无小叶或有1～2小叶；雄蕊2，花丝长约3毫米，基部有柔毛，苞片椭圆形或倒卵形，长约花丝1/2，褐色或褐紫色；子房有密柔毛，比苞片长近1倍，花柱短，柱头4裂；苞片同雄花。蒴果卵状圆锥形，长3.2毫米，有柔毛。生山坡灌丛；海拔4300～4800米。产普兰、仲巴、吉隆、南木林、定结、林周、班戈、墨竹工卡、八宿、丁青、嘉黎；四川（西部）；印度、尼泊尔、巴基斯坦。

二十七、大戟科 Euphorbiaceae

大戟属 *Euphorbia*

233 甘青大戟　疣果大戟
Euphorbia micractina

多年生草本；高达50厘米。叶互生，长椭圆形或卵状长椭圆形，长1～3厘米，宽5～7毫米，先端钝，基部楔形，无毛，全缘，侧脉羽状。花序单生二歧分枝顶端，近无梗；总苞杯状，高约2毫米，边缘4裂，裂片三角形或近舌状三角形，腺体4，半圆形，淡黄褐色。蒴果球形，径约3.5毫米，果脊疏被刺状或瘤状突起；花柱宿存。花果期6～7月。生山坡及河谷草地；海拔3800～5000米。产左贡、江达、昌都、巴青、丁青、嘉黎、索县、那曲；河南（西北部）、四川、山西、陕西、甘肃、宁夏、青海、新疆（东部）；克什米尔、巴基斯坦和喜马拉雅。

234 高山大戟
Euphorbia stracheyi

多年生草本。茎常匍匐状或直立，高达60厘米。叶互生，倒卵形或长椭圆形，长0.8～2.7厘米，基部半圆或渐窄，全缘；无叶柄。花序单生二歧分枝顶端，无柄；总苞钟状，外被褐色短毛，边缘4裂，裂片舌状，先端具不规则细齿，腺体4，肾状圆形，淡褐色，背部具短柔毛；雄花多枚，常不伸出总苞；雌花1，子房柄微伸出总苞；花柱近合生或浅裂，柱头不裂。蒴果卵圆形，长5～6毫米，无毛。花果期5～9月。生高山草甸中；海拔3500～5400米。产左贡、昌都、索县、波密、嘉黎、班戈、亚东、定日、聂拉木、吉隆；四川、云南、西藏、青海（南部）和甘肃（南部）；尼泊尔、印度。

二十八、牻牛儿苗科 Geraniaceae

老鹳草属 *Geranium*

235 草地老鹳草　草原老鹳草
Geranium pratense

多年生草本；高30～50厘米。茎直立，被倒向弯曲的柔毛和开展的腺毛。叶对生，叶片肾圆形或上部叶五角状肾圆形，基部宽心形，长3～4厘米，宽5～9厘米，掌状7～9深裂近基部，裂片菱形或狭菱形，羽状深裂，小裂片条状卵形，常具1～2齿。总花梗腋生或于茎顶集为聚伞花序；萼片卵状椭圆形或椭圆形；花瓣紫红色，宽倒卵形，先端钝圆；雄蕊花丝上部紫红色，花药紫红色；雌蕊被短柔毛，花柱分枝紫红色。蒴果长2.5～3厘米。花期6～7月，果期7～9月。生山坡草丛或灌丛中、云杉林下或河边附近草地；海拔3300～4000米。产昌都、比如、索县、类乌齐；东北（西部）和内蒙古、山西、西北、四川（西部）；欧洲及亚洲（西部）、中亚、喜马拉雅山区。

236 甘青老鹳草
Geranium pylzowianum

多年生草本；高达20厘米。茎直立。叶对生，肾圆形，长2～3.5厘米，宽2.5～4厘米，掌状5～7深裂至基部，裂片倒卵形，1～2次羽状深裂，小裂片宽条形。花序长于叶，每梗具2花或4花呈二歧聚伞状；萼片披针形或披针状长圆形；花瓣紫红色，倒卵圆形，长为萼片2倍，先端平截；雄蕊与萼片近等长；花丝淡褐色，花药深紫色，花柱分枝暗紫色。蒴果长2～3厘米。花期7～8月，果期9～10月。生云杉林下、高山栎林下、草坡或山谷湿润地方；海拔3500～4200米。产昌都、类乌齐、贡觉、江达、芒康、察雅、察隅；云南（西北部）、四川、甘肃、青海、陕西；尼泊尔。

237 尼泊尔老鹳草 *Geranium nepalense*

多年生草本；高达50厘米。茎仰卧，被倒生柔毛。叶对生，五角状肾形，基部心形，掌状5深裂，裂片菱形或菱状卵形，先端钝圆。花序梗纤细，多每梗2花；萼片卵状披针形，花瓣紫红色，倒卵形，等于或稍长于萼片，先端平截或圆，基部楔形；花柱不明显。蒴果被柔毛。花期4～9月，果期5～10月。生山地阔叶林林缘、灌丛、荒山草坡，亦为山地杂草；海拔3000～4100米。产陕西（南部）、湖北（西部）、四川、贵州、云南；中南半岛、孟加拉国、尼泊尔等地。

二十九、柳叶菜科 Onagraceae

柳兰属 *Chamerion*

238 柳兰 *Chamerion angustifolium*

多年生丛生草本；高约1米。叶螺旋状互生，稀近基部对生，中上部的叶线状披针形或窄披针形，基部钝圆，两面无毛，近全缘或疏生浅小齿，无柄。花序总状；花萼片紫红色，长圆状披针形；花瓣4，粉红色或紫红色，稀白色，稍不等大，上面2枚较长大，倒卵形或窄倒卵形，全缘或先端具浅凹缺；花药长圆形；花柱开放时强烈反折，花后直立，柱头4深裂。蒴果圆柱形，长7～10厘米，略具4棱。花期6～9月，果期8～10月。生山坡林缘，林窗及河谷湿草地；海拔3100～4240米。产加查、林芝、波密、察隅、左贡、芒康、昌都、江达、索县、比如；西南、西北、华北至东北；北温带广布，欧洲、小亚细亚、外高加索、伊朗、喜马拉雅山脉南坡、高加索至西伯利亚、蒙古、日本，直至北美洲也有。

露珠草属 *Circaea*

239 高原露珠草　高山露珠草

Circaea alpina subsp. *imaicola*

多年生草本。植株高5～15厘米。茎被密或稀的毛。叶对生，卵形至阔卵形，稀呈卵状圆形，长2～7厘米，宽1.4～4.5厘米，先端急尖至短渐尖，基部阔楔形至近心形，但更常见为截形或圆形，边缘近全缘，偶尔具明显牙齿。总状花序顶生和腋生；花管不存在或花管长仅长0.3毫米；萼片矩圆状椭圆形至卵形，先端钝圆；花瓣白色或粉红色，狭倒卵形至阔倒卵形，先端凹缺至花瓣长度的1/4至一半，裂片圆。果实上之钩状毛不具色素。花期7～9（～10）月，果期8～11月。生于沟边湿处，灌丛中和山区落叶阔叶林及针叶林中；海拔2600～4000米。产亚东、错那、隆子、米林、林芝、波密、墨脱、察隅、察雅、昌都、类乌齐、索县；西南、西北、华北、东北、华中与华东各地；向西沿喜马拉雅山之南坡分布至阿富汗东北部，亦间断印度南部的多山地带。

柳叶菜属 *Epilobium*

240 滇藏柳叶菜

Epilobium wallichianum

多年生草本。直立或上升，高达80厘米，四棱形。叶对生，长圆形、窄卵形或椭圆形，长2～6厘米，先端钝圆，稀锐尖，基部近圆、近心形或宽楔形，边缘有细锯齿，侧脉4～6对。花通常多少下垂；萼片披针状长圆形；花瓣粉红色或玫瑰紫色，倒心形，先端凹缺；柱头稍伸出花药。蒴果长3.8～7.5厘米。花期（5～）7～8月，果期8～9月。生密林下、林缘灌丛、水沟边湿草地；海拔1800～4100米。产拉萨、米林、索县、昌都、贡觉、察隅、波密、错那、隆子、日喀则、聂拉木、吉隆；青海（东部）、四川（西部）、云南、贵州；尼泊尔、不丹、印度。

三十、瑞香科 Thymelaeaceae

狼毒属 *Stellera*

241 狼毒 *Stellera chamaejasme*

多年生草本；高达50厘米。茎丛生，不分枝，草质，圆柱形。叶互生，稀对生或近轮生，披针形或椭圆状披针形，长1.2～2.8厘米，宽3～9毫米，先端渐尖或尖，基部圆，两面无毛，全缘，侧脉4～6对。花白色、黄色至带紫色，芳香，多花的头状花序，顶生，圆球形；具绿色叶状总苞片；花萼筒细瘦，具明显纵脉，裂片5，卵状长圆形；雄蕊10，2轮，花丝极短，花药黄色，线状椭圆形；子房椭圆形，花柱短，柱头头状。果实圆锥形。花期4～6月，果期7～9月。生路边、山坡、草地、高原低丘的沙砾冲积扇地带；海拔3500～4600米。产亚东、江孜；北方各地及西南地区；俄罗斯西伯利亚。

三十一、十字花科 Cruciferae

芸薹属 *Brassica*

242 欧洲油菜 *Brassica napus*

一年生或二年生草本；高达50厘米。茎直立，有分枝。幼叶被粉霜；下部茎生叶大头羽裂，叶柄基部有裂片；中部及上部茎生叶基部心形，抱茎。总状花序伞房状；萼片卵形；花瓣4，浅黄色，倒卵形；长角果线形，长4～8厘米，喙长1～2厘米，细。花期3～4月，果期4～5月。西藏各地栽培；全世界温带地区也广为栽培。

独行菜属 Lepidium

243 头花独行菜
Lepidium capitatum

一年或二年生草本；茎匍匐或近直立，长达20厘米，多分枝，披散。基生叶及下部叶羽状半裂，长2～6厘米，基部渐狭成叶柄或无柄，两面无毛；上部叶羽状半裂或仅有锯齿，无柄。总状花序腋生，近头状；花瓣白色，倒卵状楔形，和萼片等长或稍短，顶端凹缺；雄蕊4。短角果卵形，长2.5～3毫米，宽约2毫米。花果期5～6月。西藏广布；亦产青海、四川、云南；印度、巴基斯坦、尼泊尔、不丹。

菥蓂属 *Thlaspi*

244 菥蓂　遏蓝菜
Thlaspi arvense

一年生草本；高达60厘米。基生叶有柄，柄长1～3厘米；茎生叶长圆状披针形，长3～5厘米，先端圆钝或尖，基部箭形，抱茎，边缘有疏齿。总状花序顶生；萼片直立，卵形，先端钝圆；花瓣4，白色，长圆状倒卵形。短角果近圆形或倒卵形，长1.2～1.8厘米，边缘有宽翅，顶端下凹。花果期4～8月。生在平地路旁、沟边或村落附近。西藏广泛分布；分布几遍全国；亚洲北温带广布，从欧洲南达非洲北部。

荠属 *Capsella*

245 荠
Capsella bursa-pastoris

一年或二年生草本；高10～30厘米。基生叶丛生呈莲座状，大头羽状分裂，顶裂片卵形至长圆形，侧裂片长圆形至卵形；茎生叶窄披针形或披针形，基部箭形，抱茎，边缘有缺刻或锯齿。总状花序顶生及腋生，萼片长圆形，花瓣4，白色，卵形，有短爪。短角果倒三角形或倒心状三角形，扁平，顶端微凹。花果期4～8月。生田边、沟边、河边、山坡草地或灌木丛中；海拔2400～4500米。西藏普遍分布；在我国及世界各地广泛分布。

芹叶荠属 *Smelowskia*

246 藏荠　藏芹叶荠
Smelowskia tibetica

茎铺散，基部多分枝，长达15厘米。叶羽状全裂，裂片4～6对，长圆形，长0.5～1厘米，先端骤尖，全缘或有缺刻；基生叶有柄，茎生叶近无柄至无柄。总状花序；萼片长圆状椭圆形；花瓣4，白色，倒卵形，基部具爪。短角果长圆形，长约1厘米，压扁。花果期6～8月。生山坡、草地、湖边、河滩；海拔4400～5300米。产日土、仲巴、萨嘎、双湖、班戈、申札、安多、比如等；甘肃、青海、新疆、四川；蒙古、尼泊尔、克什米尔、巴基斯坦。

葶苈属 *Draba*

247 阿尔泰葶苈
Draba altaica

多年生矮小丛生草本；高2～10厘米。茎基部密集膜质纤维状枯叶，有光泽，上部簇生莲座状叶；基生叶披针形或长圆形，长0.6～2厘米，全缘或有1～2齿；茎生叶无柄，披针形，全缘或有1～2齿，或苞叶状；花茎单一或有一侧枝，直立，多具1～2叶，稀无叶。总状花序有5～15花，聚成近伞房状或头状；萼片长椭圆形；花瓣4，白色，长倒卵状楔形，先端微凹。短角果椭圆形、长椭圆形或卵形，长1～6毫米。生山坡砂砾地、高山流石缝中或山顶草甸；海拔4300～5550米。西藏广泛分布；分布于甘肃、新疆；喜马拉雅山区、克什米尔、巴基斯坦、中亚、蒙古。

248 球果葶苈　球状葶苈
Draba glomerata

多年生矮小草本；高达9厘米。基生叶椭圆形或长卵形，长0.6～1.8厘米，全缘或有1～2小齿；茎生叶长卵形，全缘或有齿，两侧不等，无柄；叶均密被毛、叉状毛、星状毛或分枝毛。总状花序有7～15花，密集成头状；萼片椭圆形；花瓣4，白色。短角果长椭圆形，长3～6毫米，无毛。花期6～7月。生河滩沙砾草地、山坡砂砾地、老火山岩石滩石缝中及冰碛地；海拔4100～5600米。产日土、札达、吉隆、聂拉木、双湖、嘉黎；青海；克什米尔、尼泊尔西部、印度。

249 椭圆果葶苈 *Draba ellipsoidea*

一年生矮小草本；高达12厘米。茎直立上升。叶膜质，基生叶窄匙形或窄倒卵形，长0.5～2厘米，被毛，先端钝或渐尖，基部缩窄成柄，全缘或边缘各有1～3齿；茎生叶少。总状花序有3～12花；花小，白色。短角果椭圆形或近圆形，长3～9毫米；宿存花柱几不明显。花果期6～10月。生于山坡草地；海拔3900～4800米。产于拉萨；甘肃、青海、四川、云南（西北部）；印度。

250 喜山葶苈 *Draba oreades*

多年生草本；高2～10厘米。根茎分枝多，下部有鳞片状枯叶，上部叶丛生成莲座状，叶片长圆形至倒披针形，长6～25毫米，宽2～4毫米，顶端渐钝，基部楔形，全缘或有锯齿，下面和叶缘有单毛、叉状毛或少量不规则分枝毛，上面有时近于无毛。总状花序密集成近于头状，结实时疏松而不伸长；萼片长卵形；花瓣黄色，倒卵形，长3～5毫米。短角果短宽卵形。花期6～8月。生高山岩石边及高山石砾沟边裂缝中；海拔3000～5300米。西藏广泛分布；内蒙古、陕西、甘肃、青海、新疆、四川、云南；中亚、克什米尔和印度。

251 锥果葶苈
Draba lanceolata

多年生或二年生丛生草本；高达35厘米。基生叶莲座状丛生，披针形或倒披针形，长1～2厘米，先端渐尖，基部缩窄，全缘或有齿；茎生叶疏生，长卵形或宽披针形，先端渐尖，边缘有1～4齿或近全缘，无柄。总状花序有10～40花，密集，无苞片；萼片长椭圆形；花瓣4，白色，倒卵状楔形。短角果长圆状披针形，长0.6～1.2厘米，向上开展，贴近果序轴，排成辫状，紧密；果瓣密被分枝毛和星状毛。花期6～7月。生山坡、潮湿林下、水边；海拔2200～4020米。产新疆、青海、西藏、四川；印度、蒙古、俄罗斯（西伯利亚）、欧洲北部高山地区及北极地区、美洲。

252 总苞葶苈
Draba involucrata

多年生丛生草本。花茎无叶，高0.5～2厘米，被单毛、叉状毛，毛灰白色。莲座状叶倒卵形，长3～12毫米，叶全缘或两边有细齿及单长毛，基部成楔形，渐窄成柄。总状花序有花3～10朵，密集成伞房状；子房卵形；花柱长约0.5毫米。果实椭圆形或卵形，长4～5毫米。花期6月。生山坡沟谷、水沟石下及潮湿砾石下；海拔5000～5500米。产双湖；青海、四川、云南。

碎米荠属 *Cardamine*

253 大叶碎米荠
Cardamine macrophylla

多年生草本；高达1米。茎生叶3～12，生于整个茎上，羽状，小叶3～7对，叶柄长2.5～5厘米，柄基部不呈耳状；顶生小叶椭圆形、长圆形或卵状披针形，边缘有钝锯齿、锐锯齿或不等长的重锯齿；侧生小叶与顶生小叶相似，基部稍偏斜。花序顶生和腋生；外轮萼片淡红色；花瓣4，紫红色或淡紫，先端圆，基部渐窄成爪；花丝扁。长角果长3.5～5厘米；果瓣带紫色。花果期3～10月。生山坡林下、沟边、水边湿地；海拔2300～4100米。产聂拉木、定结、错那、索县、朗县、米林、林芝、墨脱、察隅、昌都、江达、左贡、芒康；东北、河北、山西、河南、陕西、甘肃、青海、四川、云南；尼泊尔、不丹、印度（西北部）、朝鲜。

垂果南芥属 *Catolobus*

254 垂果南芥
Catolobus pendulus

二年生草本；高达1.5米。基生叶至开花、结果时脱落；茎下部叶长椭圆形或倒卵形，长3～10厘米，先端渐尖，边缘有浅锯齿，基部渐窄；茎上部叶窄长椭圆形或披针形，基部心形或箭形，抱茎，上面黄绿或绿色。总状花序顶生或腋生，有花10几朵；萼片椭圆形；花瓣4，白色、匙形。长角果线形，长4～10厘米，弧曲，下垂。花期6～9月，果期7～10月。生山坡草地、林下沟边；海拔2200～3400米。产昌都、波密、林芝、米林、隆子；东北、华北、西北、西南；亚洲北部和东部其他地区。

高山芥属 *Shehbazia*

255 高山芥　西藏豆瓣菜
Shehbazia tibetica

二年生矮小草本；高4～14厘米。茎通常从基部生出少数几枝，上部不分枝，具长柔毛。基生叶和最下部茎生叶无腺体，披针形、长圆形或倒披针形，稍肉质，长1.2～2.7厘米，先端尖，基部渐窄或楔形，边缘篦齿状羽裂，裂片（4～）7～11对。总状花序短缩，结果时延长；萼片卵形；花瓣4，白色，倒心形，先端微凹，基部爪粉红或紫色；花药长圆形。长角果圆柱形，长1～1.5厘米，直，念珠状。花期6～7月，果期7～8月。生草甸；海拔4960米。产丁青、安多；青海、四川（西部）。

花旗杆属 *Dontostemon*

256 异蕊芥　羽裂花旗杆
Dontostemon pinnatifidus

二年生直立草本；高10～35厘米。茎直立，上部分枝。基生叶和最下部茎生叶披针形或长圆形，长1.5～4.5厘米，被柔毛，有腺体，先端尖，基部渐窄或楔形，边缘有齿牙或锯齿，或羽状中裂，具缘毛；中部和上部茎生叶长圆形或披针形，宽0.5～1厘米，有牙齿，稀羽状半裂。总状花序顶生和侧生，初密集，结果时延长；萼片长圆形；花瓣4，白色，宽倒卵形，先端微缺；花药长圆状卵形。长角果圆柱形，长1.5～2毫米，具腺毛。花果期6～8月。生山坡草地；海拔4000～4800米。产札达、普兰、工布江达、八宿、芒康；黑龙江、内蒙古、甘肃、河北、山西、四川、云南；印度（西北部）、尼泊尔、蒙古、西伯利亚。

糖芥属 *Erysimum*

257 紫花糖芥
Erysimum funiculosum

多年生矮小草本；高2～6厘米。茎短缩，根颈多头或再分枝。基生叶莲座状，叶长圆状线形，长1～2厘米，先端尖，基部渐窄，全缘；花莛多数，直立；萼片长圆形；花瓣4，淡紫色，窄匙形，先端圆或平截，有脉纹，基部具爪。长角果长1～2厘米，具4棱，顶端稍弯。花果期6～8月。生高山草甸、流石滩上；海拔4600～5500米。产日土、噶尔、普兰、仲巴、改则、双湖、班戈、安多、聂拉木、拉孜、定日、南木林、措美、索县、丁青、芒康；甘肃。

山嵛菜属 *Eutrema*

258 三角叶山萮菜
Eutrema deltoideum

多年生草本；高达60厘米。基生叶心状卵形，长约2.3厘米，基部深心形，具掌状脉，具波状齿；茎生叶具短柄，叶长圆状三角形，先端渐尖，基部平截或近心形，具掌状脉，具锯齿或波状齿。总状花序圆锥状排列；萼片淡黄色；花瓣4，白色，干后带淡红色，先端钝圆，基部具短爪。角果披针形、卵形或长圆形，长1.2～2.1厘米，稍具4棱，常贴向果序轴。花果期6～8月。生山坡草地、沼泽地或冰川上；海拔3800～5020米。产拉萨、亚东、定日、聂拉木；四川；印度。

259 密序山萮菜
Eutrema heterophyllum

多年生草本；高6～18厘米。光滑无毛。基生叶具长柄，叶片长卵状圆形至卵状三角形，长7～15毫米，宽约7毫米，顶端钝或急尖，基部截形、略成心形或渐窄；下部茎生叶具宽柄，上部的无柄，叶片长卵状圆形、窄卵状披针形或条形，顶端钝，基部渐窄，全缘。花序伞房状；外轮萼片宽卵状长圆形，内轮萼片卵形；花瓣4，白色，长圆倒卵形顶端钝圆。角果纺锤形，长7～8毫米。花期7～8月。生山坡草地、河谷灌丛中；海拔4100～5400米。产拉萨、嘉黎；陕西、青海、新疆、四川（西部）、云南（西北部）；俄罗斯西伯利亚、中亚和欧洲（北部）。

沟子荠属 *Taphrospermum*

260 沟子荠
Taphrospermum altaicum

多年生草本；高达25厘米。茎基部多分枝，直立、外倾或铺散。叶宽卵形或椭圆形，长0.6～1.5厘米，先端钝，全缘或顶端有1～2个小齿。总状花序；花腋生；萼片膜质，黄色，长圆状宽卵形；花瓣4，白色，倒卵形；短角果窄圆锥形，直或稍弯，长4～9毫米。花果期6～9月。生山坡或河滩草丛中；海拔4700～4800米。产隆子、南木林；新疆、青海、甘肃。

261 泉沟子荠　双脊荠
Taphrospermum fontanum

多年生矮小草本；高5～14厘米。茎单一，有数条平卧稀上升或直立的分枝。基生叶和茎下部叶卵形或长圆形，长0.4～1厘米，向上渐变小，先端钝圆，基部钝或楔形，全缘或波状。总状花序花密；萼片长圆形；花瓣4，白或淡紫色，倒卵形或匙形，先端微缺；花丝白色或淡紫色，花药卵圆形。短角果倒心形，长3～5毫米。花期6～9月，果期7～10月。生高山草地；海拔4000～5000米。产朗县、工布江达、比如、丁青；四川、甘肃、青海、新疆。

大蒜芥属 *Sisymbrium*

262 垂果大蒜芥
Sisymbrium heteromallum

一年生或二年生草本；高达90厘米。茎下部叶长椭圆形或披针形，篦齿状羽状深裂，顶端裂片披针形，全缘或有齿，侧裂片2～6对，卵状披针形或线形，常有齿；茎上部叶无柄，羽裂，裂片线形，常有齿。总状花序在果期伸长达20厘米；花浅黄色，直径1毫米；萼片长圆形；花瓣4，长圆倒卵形；花柱不明显。长角果线形，圆筒状，长6～8厘米。花果期6～8月。生山坡草地、路边田旁、灌木丛中；海拔3100～4380米。产左贡、索县、朗县、拉萨、浪卡子、申扎、日喀则、聂拉木；东北、内蒙古、河北、山西、陕西、四川；蒙古、喜马拉雅山区、尼泊尔、巴基斯坦。

肉叶芥属 *Braya*

263 蚓果芥　念珠芥
Braya humilis

多年生草本；高达30厘米。基生叶倒卵形，长约1厘米，柄长约2厘米；茎下部叶宽匙形或窄长卵形，长0.5～3厘米，先端钝圆，基部渐窄成柄，全缘或具2～3对钝齿；中上部茎生叶线形。总状花序最下部的花有苞片；萼片长圆形；花瓣4，长椭圆形、长卵形或倒卵形，白色、紫色或粉红色，长3～6毫米，先端平截、圆或微缺，基部渐窄成爪；宿存花柱短，柱头2浅裂。长角果筒状，长（0.5～）1.2～2.5厘米，上下等粗，两端渐细，直或弯曲。花果期5～9月。生山坡草地、河滩灌丛、砂石质山坡或隙中；海拔2890～5000米。西藏广泛分布；分布于河北、山西、陕西、甘肃、青海；中亚、喜马拉雅、蒙古、巴基斯坦、阿富汗也有。

三十二、柽柳科 Tamaricaceae

水柏枝属 *Myricaria*

264 三春水柏枝
Myricaria paniculata

灌木；高达3米。当年生枝灰绿或红褐色。叶披针形、卵状披针形或长圆形，长2～4（～6）毫米，密集。春季总状花序侧生于去年生枝上，基部被有多数覆瓦状排列的膜质鳞片；花梗长1～2毫米；萼片卵状或卵状长圆形；花瓣倒卵形或倒卵状披针形，长4～6毫米，常内曲，粉红色或淡紫红色，花后宿存；雄蕊10，花丝1/2或2/3连合。蒴果窄圆锥形，长0.8～1厘米，3瓣裂。花期3～9月，果期5～10月。生山地河谷砾石质河滩、河床沙地、河漫滩及河谷山山坡；海拔约2800米。产西藏（东部）、河南西部（卢氏）、山西（中条山）、陕西、宁夏（东南部）、甘肃（中部及东南部）、四川、云南（西北部）。

265 匍匐水柏枝
Myricaria prostrata

匍匐矮灌木；高5～14厘米。老枝灰褐色或暗紫色，平滑，去年生枝纤细，红棕色，枝上常生不定根。叶在当年生枝上密集，长圆形、狭椭圆形或卵形，长2～5毫米，宽1～1.5毫米。总状花序圆球形，密集，常由1～3花、少为4花组成；苞片卵形或椭圆形；萼片卵状披针形或长圆形；花瓣倒卵形或倒卵状长圆形，淡紫色至粉红色；雄蕊花丝合生部分达2/3左右；子房卵形。蒴果圆锥形。花果期6～8月。生高山河谷砂砾地、湖边沙地，砾石质山坡及冰川雪线下；海拔4300～5200米。产双湖、班戈、申札、日土、噶尔、普兰、仲巴、浪卡子、林周、江孜；青海（五道梁）、甘肃（肃北）、新疆（西南部）；印度、巴基斯坦、俄罗斯（中亚）。

三十三、蓼科 Polygonaceae

山蓼属 *Oxyria*

266 山蓼
Oxyria digyna

多年生草本；高达20厘米。基生叶肾形或圆肾形，长1.5～3厘米，宽2～5厘米，先端圆钝，基部宽心形，近全缘；托叶鞘短筒状，膜质，偏斜。花序圆锥状，分枝稀疏；花被片4，果时内2片增大，倒卵形，紧贴果实，外2片反折；雄蕊6，花丝钻状，花药长圆形。瘦果卵形，扁平，双凸，长2.5～3毫米，两侧具膜质翅。果期8～9月。生山坡石缝、河滩砾石地；海拔3100～4900米。产察隅、索县、波密、林芝、米林、错那、聂拉木、吉隆、普兰、札达、噶尔；吉林、陕西、新疆、四川、云南；欧洲、小亚细亚、蒙古、日本、巴基斯坦、伊朗、印度、尼泊尔、不丹、北美、格陵兰。

大黄属 *Rheum*

267 菱叶大黄 *Rheum rhomboideum*

矮草本。无茎。根直径达5厘米。叶基生，叶片近革质，菱形、菱状卵形或菱状椭圆形，长10～16厘米，最宽部分在中部或偏下，宽8.5～14厘米，顶端钝或钝急尖，基部楔形、宽楔形，有时略呈耳状，全缘，基出脉多为5条。花莛常较多，自根状茎顶端生出，穗状的总状花序；花红紫色，花被片窄矩圆状椭圆形；雄蕊6～7。瘦果连翅近圆形，长9～10毫米，顶端微凹，基部心形。生山坡草地、山顶草甸；海拔4700～5400米。产安多、班戈、申扎、南木林、定日、改则。

268 穗序大黄 *Rheum spiciforme*

无茎草本。叶基生，近革质，卵圆形或宽卵状椭圆形，长10～20厘米，宽8～15厘米，先端圆钝，基部圆或浅心形，全缘，稍波状，基脉5，上面暗绿或黄绿色，下面紫红色，两面被乳突或上面平滑。花序为穗状的总状花序，花被片椭圆形或长椭圆形，淡绿色；雄蕊9，与花被近等长；花柱短，柱头大，具凸起。果长圆状宽椭圆形，长0.8～1厘米，顶端圆或微凹，翅黄褐色。花果期6～8月。生山坡草地、河滩砂砾地；海拔4100～5200米。产班戈、定日、聂拉木、吉隆、札达、日土；不丹、尼泊尔、印度、巴基斯坦、阿富汗。

269 小大黄

Rheum pumilum

草本；高达25厘米。茎细，直立，疏被灰白色毛。基生叶2～3，叶卵状椭圆形或长椭圆形，长1.5～5厘米，宽1～3厘米，近革质，先端圆，基部浅心形，全缘，基脉3～5，中脉粗；茎生叶1～2，近披针形，托叶鞘短，膜质，常开裂，无毛。花序圆锥状，狭窄，分枝稀疏；花被片椭圆形或宽椭圆形，长1.5～2毫米，边缘紫红色；雄蕊9，内藏；花柱短。果三角形或三角状卵形，翅狭窄。花期6～7月，果期8～9月。生山坡灌丛、河谷阶地；海拔4000～4300米。产芒康、昌都、八宿、比如、索县、拉萨；甘肃、青海、四川。

270 掌叶大黄

Rheum palmatum

粗壮草本；高达2米。叶长宽均40～60厘米，先端窄渐尖或窄尖，基部近心形，常掌状半5裂，每大裂片羽裂成窄三角形小裂片，基脉5；托叶鞘长达15厘米，粗糙。圆锥花序，分枝聚拢，密被粗毛；花被片6，常紫红色或黄白色，外3片较窄小，内3片宽椭圆形或近圆形；雄蕊9，内藏；花盘与花丝基部粘连；柱头头状。果长圆状椭圆形或长圆形，长8～9毫米，顶端微凹，基部心形。花果期6～8月。生山坡草地、山谷湿地、河滩；海拔4000～4400米。产芒康、昌都、曲松、南木林、萨迦；甘肃、陕西、青海、四川、云南。

冰岛蓼属 *Koenigia*

271 冰岛蓼
Koenigia islandica

一年生草本；高达7厘米。茎常簇生，带红色，无毛，分枝开展。叶宽椭圆形或倒卵形，长3～6毫米，宽2～4毫米，无毛，先端圆钝，基部宽楔形；托叶鞘短，膜质，2裂，褐色。花簇腋生或顶生；花被片3，淡绿色，长约3毫米；柱头2～3，花柱极短。瘦果长卵形；扁平，双凸，凸出花被外。生山顶草地、山沟水边、山坡草地；海拔3000～4900米。产类乌齐、错那、林周、拉萨、亚东、聂拉木、吉隆、申扎、普兰；山西、甘肃、青海、新疆、四川、云南；北极、欧洲（北部）、哈萨克斯坦、俄罗斯、蒙古、巴基斯坦、尼泊尔、不丹、印度（西北部）、克什米尔。

272 叉枝蓼
Koenigia tortuosa

半灌木。茎直立，高30～50厘米，红褐色，具叉状分枝。叶卵状或长卵形，长1.5～4厘米，宽1～2厘米，近革质，顶端急尖或钝，基部圆形或近心形，边缘全缘，具缘毛，有时略反卷，呈微波状，近无柄；托叶鞘偏斜，长1～2厘米，膜质，褐色，密被柔毛，开裂，脱落。花序圆锥状，顶生，花排列紧密；花被5深裂，钟形，白色，花被片倒卵形，长2.5～3毫米，大小不相等；雄蕊8，花药紫色；柱头头状。瘦果卵形，具3锐棱，黄褐色。花期7～8月，果期9～10月。生山坡草地、河滩砂砾地；海拔3800～4900米。产左贡、比如、索县、拉萨、日喀则、南木林、聂拉木、萨噶、吉隆、日土、普兰、扎达、噶尔、措勤；印度（西北部）、尼泊尔、伊朗、阿富汗、巴基斯坦。

酸模属 *Rumex*

273 酸模
Rumex acetosa

多年生草本；高达80厘米。根为须根。基生叶及茎下部叶箭形，长3～12厘米，先端尖或圆钝，基部裂片尖，全缘或微波状，叶柄长5～12厘米；茎上部叶较小。花单性，雌雄异株；窄圆锥状花序顶生；雄花外花被片椭圆形，内花被片宽椭圆形；雌花外花被片椭圆形，果时反折，内花被片果时增大，近圆形。瘦果椭圆形，具3锐棱，长约2毫米。花期5～7月，果期6～8月。生山坡草地、山谷灌丛中；海拔3500～4000米。产江达、昌都、那曲、比如、类乌齐；我国南北各地；北温带。

荞麦属 *Fagopyrum*

274 苦荞麦
Fagopyrum tataricum

一年生草本；高达70厘米。叶宽三角形，长2～7厘米，先端尖，基部心形或戟形，两面沿叶脉具乳头状突起，托叶鞘膜质，黄褐色，偏斜。花序总状，花稀疏；苞片卵形，长2～3毫米；花被片椭圆形，白色或淡红色，长约2毫米；雄蕊较花被短；花柱较短。瘦果长卵形，长5～6毫米，具3棱，上部棱锐，下部棱圆钝，具波状齿及3纵沟，凸出宿存花被之外。花期6～9月，果期8～10月。生河谷、田边；海拔3500～3900米。产察雅、贡觉、类乌齐、波密、米林、洛隆、拉萨、江孜、亚东、普兰；东北、华北、华中及西南；亚洲、欧洲、温带常栽培，北美洲也有。

蓼属 *Persicaria*

275 冰川蓼
Persicaria glacialis

一年生草本；高达15厘米。茎基部分枝，无毛。叶卵形或宽卵形，长0.8～2厘米，无毛，侧脉不明显，基部宽楔形或近平截，有时沿叶柄微下延；托叶鞘无毛，顶端平截。头状花序径5～6毫米；花被5裂至中部，淡红色或白色，花被片椭圆形，长约1毫米；雄蕊7～8；花柱3，中部连合。瘦果卵形，具3棱，长1～1.5毫米，黑色，密被颗粒状小点。花期6～7月，果期7～8月。生山坡草地、河滩沙地；海拔2200～4800米。产昌都、类乌齐、波密、米林、拉萨、南木林；云南；阿富汗、克什米尔、印度（西北部）、巴基斯坦。

276 尼泊尔蓼
Persicaria nepalensis

一年生草本。茎自基部分枝，高15～45厘米，直立或仰卧。叶卵形或三角状卵形，长2～5厘米，宽1～3厘米，全缘，顶端尖，基部楔形，沿叶柄下延成翅，无毛或有疏毛，具黄色腺点，托叶鞘筒状，顶端偏斜。花序头状，近球形，顶生或腋生；花被4裂，少5裂，白色或淡红色。瘦果卵圆形，双凸镜状，长2～3毫米，黑褐色，有明显的小点。花期5～8月，果期7～10月。生山坡草地、山谷、田边、路旁；海拔2500～4000米。产察雅、波密、林芝、米林、拉萨、日喀则、亚东、聂拉木、吉隆；我国南北各地；阿富汗、巴基斯坦、印度、斯里兰卡、尼泊尔、不丹、菲律宾、印度尼西亚、朝鲜、日本、俄罗斯（远东）。

西伯利亚蓼属 *Knorringia*

277 西伯利亚蓼
Knorringia sibirica

多年生草本；高达25厘米。茎基部分枝，无毛。叶长椭圆形或披针形，长5～13厘米，基部戟形或楔形，无毛；托叶鞘筒状。圆锥状花序顶生，花稀疏；花被5深裂，黄绿色，花被片长圆形，长约3毫米；雄蕊7～8，花丝基部宽；花柱3，较短。瘦果卵形，具3棱，黑色，有光泽。花期6～7月，果期8～9月。生湖滨砂砾地、河滩沙地、河滩草地的盐碱土；海拔3500～5100米。产江达、左贡、林芝、索县、比如、拉萨、江孜、康马、日喀则、申扎、亚东、吉隆、双湖、萨迦、昂仁、扎达、革吉；东北、内蒙古、华北、陕西、甘肃及西南地区；蒙古。

拳参属 *Bistorta*

278 圆穗蓼
Bistorta macrophylla

多年生草本；高达30厘米。根茎弯曲，径1～2厘米。基生叶长圆形或披针形，长3～11厘米，宽1～3厘米，先端尖，基部圆或近心形，下面灰绿色，边缘脉端增厚，外卷，叶柄长3～8厘米；茎生叶窄披针形，托叶鞘下部绿色，上部褐色，偏斜，无缘毛。穗状花序；花被5深裂，淡红色或白色，花被片椭圆形；雄蕊8，花药黑紫色；花柱3。瘦果卵形，具3棱，长2.5～3毫米，黄褐色，包于宿存花被内。花期7～8月，果期9～10月。生山坡草地阴湿处；海拔3000～3800米。产江达、芒康、昌都、八宿、察隅、朗县、错那、比如、那曲、安多、林周、拉萨、南木林、亚东、定日、聂拉木、吉隆；陕西、甘肃、青海、湖北、四川、云南、贵州；印度（北部）、尼泊尔、不丹。

279 狭叶圆穗蓼
Bistorta macrophylla var. *stenophylla*

本变种与原变种的区别在于：叶线或线状披针形，宽0.2～0.5厘米。生山坡草地、山顶草甸；海拔3800～4800米。产江达、洛隆、察隅、波密、米林、加查；云南、四川、青海、陕西、甘肃；印度（北部）、尼泊尔。

280 珠芽蓼
Bistorta vivipara

多年生草本；高达50厘米。基生叶长圆形或卵状披针形，长3～10厘米，先端尖或渐尖，基部圆、近心形或楔形，无毛，边缘脉端增厚，外卷，叶柄长；茎生叶披针形，近无柄，托叶鞘筒状，下部绿色，上部褐色，偏斜，无缘毛。花序穗状，紧密，下部生珠芽；花被5深裂，白色或淡红色，花被片椭圆形，长2～3毫米；雄蕊8，花丝不等长；花柱3。瘦果卵形，具3棱，深褐色，有光泽。花期5～7月，果期7～9月。生山坡草地、山沟、山顶草地；海拔3000～5100米。产江达、察雅、昌都、左贡、八宿、察隅、波密、林芝、米林、错那、那曲、安多、聂荣、拉萨、班戈、江孜、亚东、聂拉木、萨噶、吉隆、普兰、札达；东北、华北及西南；北温带至北极广布。

三十四、石竹科 Caryophyllaceae

卷耳属 *Cerastium*

281 簇生泉卷耳 簇生卷耳
Cerastium fontanum subsp. *vulgare*

多年生或一、二年生草本；高15～30厘米。基生叶叶片近匙形或倒卵状披针形；茎生叶片卵形、狭卵状长圆形或披针形，长1～3（～4）厘米，宽3～10（～12）毫米，顶端急尖或钝尖。聚伞花序顶生；萼片5，长圆状披针形；花瓣5，白色，倒卵状长圆形，顶端2浅裂；雄蕊短于花瓣；花柱5。蒴果圆柱形，花果期5～7月。生山坡草地、河漫滩、疏林间；海拔1700～3980米。产八宿、洛隆、拉萨、定结、聂拉木；我国东北、华北、西北、西南、湖南、江苏；印度、尼泊尔、伊朗、越南、日本、朝鲜。

无心菜属 *Arenaria*

282 垫状雪灵芝
Arenaria pulvinata

多年生紧密的垫状草本。呈紧密的粗糙丛生的小型亚圆球形。茎高4～5厘米，紧密丛生，由基部叉状分枝，下部宿存密集的褐色枯叶。叶坚硬，具纤毛，叶片钻状披针形或卵状钻形，长3～6毫米，宽约1毫米，顶端急尖。花单生枝端，较小，直径6～7毫米；萼片卵形或卵状披针形；花瓣白色，匙形或倒卵形；雄蕊10；子房倒卵形，花柱3。花期7月。生高山草甸、高山砾石带和山顶滑塌处；海拔4200～5020米。产林芝、加查、曲松、亚东、定结、南木林、朗卡子、白朗、普兰；尼泊尔、不丹。

283 甘肃雪灵芝
Arenaria kansuensis

多年生垫状草本；高4～5厘米。茎密集丛生，呈半球形，径约20厘米，老叶密集基部。叶片针状线形，长1～2厘米，宽约1毫米，基部稍宽，抱茎，边缘狭膜质，下部具细锯齿，稍内卷，顶端急尖，呈短芒状。花单生枝端；萼片5，披针形；花瓣5，白色，倒卵形，长4～5毫米，顶端钝圆；雄蕊10，花丝扁线形，花药褐色；子房球形，花柱3。蒴果球形，短于宿萼，3瓣裂，顶端再2裂。花期5～7月，果期7～8月。生山坡草地和砾石带；海拔4320～5300米。产江达、拉萨、达孜、乃东（泽当）；甘肃、青海、四川、云南；印度西北部至尼泊尔。

284 青藏雪灵芝
Arenaria roborowskii

多年生垫状草本；高5～8厘米。叶片针状线形，长1～1.5厘米，宽约1毫米。花单生枝顶；萼片披针形，长约5毫米；花瓣椭圆形，长约4毫米；雄蕊10，短于花瓣；子房扁球形，花柱3。花期7～8月。生高山草甸、高山砾石坡；海拔4700～5020米。产乃东（泽当）、曲松、隆子；青海（南部）、四川（西部）。

285 山居雪灵芝
Arenaria edgeworthiana

多年生垫状草本；高4～8厘米。叶片钻状线形，长8～20毫米，基部较宽，膜质，呈鞘状，顶端具硬刺状尖，边缘增厚，具小的缘毛，具1凸起的脉。花单生小枝顶端，无梗；花大，直径约1.8厘米；萼片披针形或卵状披针形，长7～8毫米，宽约2毫米；花瓣白色，宽倒卵形，顶端钝圆；雄蕊10；子房卵圆形，花柱3。蒴果卵圆形，3瓣裂。花期6～7月，果期7～8月。生高山草甸、草原、河滩；海拔4200～5050米。产隆子、错那、措美、拉萨、林周、南木林、萨迦、定结、昂仁、吉隆、萨噶、仲巴；尼泊尔、不丹、印度。

286 山生福禄草　丽江雪灵芝
Arenaria oreophila

多年生垫状草本；高达10厘米。茎密被腺毛。基生叶线形，长1～2厘米，宽约1.5毫米，基部较宽，膜质，具白色硬边，中脉凸起；茎生叶2～3对，卵形或卵状披针形，长约5毫米，具缘毛。花单生茎顶；萼片卵形，先端钝圆；花瓣5，白色，窄倒卵形或匙形，长7～8毫米；花药黄色；花柱3。蒴果卵圆形，3瓣裂。花期6～7月，果期7～8月。生高山草甸、砾石流地带；海拔4900～5000米。产江达、左贡、昌都；云南、四川、青海；印度。

287 藓状雪灵芝 *Arenaria bryophylla*

多年生垫状草本；高3～5厘米。茎密丛生，基部木质化，下部密集枯叶。叶片针状线形，长4～9毫米，宽约1毫米，疏生缘毛，顶端急尖，呈三棱状，质稍硬。花单生，无梗；萼片5，椭圆状披针形，长约4毫米；花瓣5，白色，狭倒卵形，稍长于萼片；雄蕊10，花丝线形；子房卵状球形，花柱3。花期6～7月。生高山草甸和高山碎石带；海拔4200～5400米。产札达、革吉、日土、普兰、措勤、班戈、改则、双湖、巴青、那曲、吉隆、定日、聂拉木、拉萨、白朗、仲巴、萨噶、错那、乃东（泽当）、隆子、康马、江孜；青海；克什米尔、尼泊尔至印度。

288 红花无心菜 *Arenaria rhodantha*

多年生草本；茎高2～5厘米。纤细，直立，无毛，疏丛生。叶片椭圆形、卵形或披针形，长5～6毫米，宽2～3毫米，顶端急尖，具硬尖头，具缘毛。花单生茎顶端；萼片5，披针形或长圆形，紫色或绿色，顶端尖或钝；花瓣5，紫红色，倒卵形或宽倒卵形，顶端钝圆；雄蕊短于花瓣，花药紫红色；子房卵圆形，花柱3。花期6～7月。生高山草甸和高山砾石带；海拔4000～5000米。产拉萨、朗县、加查、错那；四川（西南部）；尼泊尔、印度。

289 粉花无心菜
Arenaria roseiflora

茎高10～25厘米，紫色。基生叶叶片匙形，长1～2厘米，宽3～5毫米，基部渐狭成柄，顶端钝；茎生叶片披针形或椭圆形，长7～15毫米，宽2～5毫米，基部圆形，无柄，带紫色。花单生枝端；萼片披针形，紫色；花瓣粉红色，倒卵形，长为萼片的2倍，顶端2浅裂，裂片具不整齐的2～3齿；雄蕊10，花丝紫色；子房卵圆形，花柱2。花期6～7月。生高山草甸、砾石流及山顶裸岩地；海拔4300～4800米。产错那、八宿；云南、四川；尼泊尔。

290 桃色无心菜
Arenaria melandryoides

多年生草本。茎高5～10厘米，疏丛生或单生。叶片卵状披针形、长圆状披针形或长圆状椭圆形，长8～15毫米，宽1.5～3毫米，基部楔形，顶端钝，暗绿色或带紫色。花单生枝端；萼片5，卵状披针形；花瓣白色或粉红色，狭长倒卵形，长为萼片的2倍，顶端圆形；雄蕊稍长于萼片；子房卵形，花柱2，稀3。蒴果2瓣裂，裂片2裂。花期6～7月，果期7～8月。生高山草甸、古冰川下缘；海拔4200～5020米。产南木林、拉萨、曲松、隆子；云南；尼泊尔、印度至不丹。

繁缕属 *Stellaria*

291 禾叶繁缕 *Stellaria graminea*

多年生草本；高达30厘米。茎丛生。叶线形，长0.5～4（5）厘米，宽1.5～3（4）毫米，先端尖，疏生缘毛，具3脉。聚伞花序顶生；花径约8毫米；萼片披针形；花瓣2深裂；雄蕊花药带褐色；子房卵圆形，花柱3。蒴果卵状长圆形，短于宿萼，6瓣裂。花期5～7月，果期8～9月。生山坡草地和水渠边；海拔3040～4800米。产拉萨、江孜、曲水、曲松、林芝、米林、察隅、类乌齐；北京、河北、山东、山西、陕西、甘肃、青海、湖北、四川、云南、新疆；印度、喜马拉雅山区诸国、俄罗斯、阿富汗及全欧洲也有分布，引入北美洲。

292 伞花繁缕 *Stellaria umbellata*

多年生草本；高达15厘米。茎单生。叶椭圆形，长1.5～2厘米，基部楔形，微抱茎。花序伞形，具3～10花；萼片披针形，绿色；无花瓣；雄蕊10，短于萼片；子房长圆状卵形，花柱3，短线形。蒴果顶端6裂。花期6～7月，果期7～8月。生河滩、山坡、砂砾地；海拔4600～4960米。产比如、安多；河北、山西、陕西、甘肃、四川、青海、新疆；俄罗斯、哈萨克斯坦、北美洲。

293 偃卧繁缕
Stellaria decumbens

多年生垫状草本。径达20厘米。茎分枝多密集，密被白色柔毛。叶卵状披针形，长3～4毫米，宽1～1.5毫米，质硬。单花顶生；萼片卵状披针形；花瓣4或5，白色，2深裂近基部，裂片线形；雄蕊8～10，花药黄色，花丝基部骤宽；子房卵形，长约1毫米，花柱2或3。蒴果卵状长圆形，稍短于宿萼。花期7～8月，果期9～10。生高山草甸、高山砾石流；海拔4300～5600米。产江达、昌都、仲巴、双湖；青海、四川（西部）、云南（西北部）；克什米尔、印度、尼泊尔、不丹。

蝇子草属 *Silene*

294 阿扎蝇子草　加查女娄菜
Silene atsaensis

多年生草本；高15～18厘米。全株密被腺毛；茎单生或疏丛生，直立，不分枝。叶基生，叶片匙状倒披针形，长3～5厘米，宽10～15毫米，基部渐狭，顶端急尖或钝。花1或3朵，顶端下倾，花后直立；花萼筒状钟形，带紫色，萼齿卵状三角形；花瓣瓣片带白色或淡红紫色，轮廓近圆形，深4裂；雄蕊10；子房卵圆形，花柱5。蒴果卵形，10齿裂。花果期8～9月。生高山流石滩草坡；海拔4200～4500米。产波密、加查、朗县、嘉黎。

295 垫状蝇子草　簇生女娄菜
Silene davidii

多年生垫状草本；高达8厘米。茎密丛生。叶倒卵状线形，长1～2.5厘米，宽2～3毫米，具缘毛。花单生茎顶，直立，径1.5～2厘米；花萼窄钟形或筒状钟形，暗紫色，被紫色腺毛，纵脉紫色，萼齿三角状卵形；花瓣淡紫色或淡红色，瓣片伸出花萼，倒卵形，叉状2裂达中部；副花冠倒卵形；雄蕊及花柱内藏。蒴果圆柱形或圆锥形。花期7～8月，果期9～10月。生高山草甸；海拔4320米。产江达；青海、四川（西部）、云南（西北部）。

296 喜马拉雅蝇子草
Silene himalayensis

多年生草本；高20～80厘米。茎纤细，疏丛生或单生，直立，不分枝，被短柔毛，上部被稀疏腺毛。基生叶叶片狭倒披针形，长4～10厘米，宽4～10毫米，顶端渐尖，边缘具缘毛；茎生叶3～6对，叶片披针形或线状披针形。总状花序，常具3～7花；花微俯垂；花萼卵状钟形，紧贴果实，纵脉紫色，萼齿三角形，顶端钝；花瓣暗红色，瓣片浅2裂；雌雄蕊内藏。蒴果卵形，10齿裂。花期6～7月，果期7～8月。生灌丛间或高山草甸；海拔2000～5000米。产西藏、河北、湖北、陕西、四川、云南；印度。

297 细蝇子草
Silene gracilicaulis

多年生草本；高达50厘米。茎疏丛生，不分枝。基生叶线状倒披针形，长6～18厘米，宽2～5毫米，基部渐窄成柄状；茎生叶线状披针形较基生叶小，基部连合，具缘毛。花序总状，多花，对生，稀近轮生；花萼钟形，纵脉紫色，萼齿三角状卵形，具短缘毛；花瓣白色或灰白色，下面带紫色，2裂达中部或更深，裂片长圆形；花丝线形，长短不等，子房长圆形；花柱3，线形。蒴果长圆状卵圆形，6齿裂。生山地草丛；海拔3500～3950米。产索县、类乌齐、昌都、贡觉、波密、察隅；西南、陕西、青海、甘肃、宁夏；尼泊尔至克什米尔、巴基斯坦、印度（北部）。

三十五、苋科 Amaranthaceae

藜属 *Chenopodium*

298 平卧藜
Chenopodium karoi

一年生草本。全株被粉粒。茎斜生或外倾，高达40厘米，多分枝，圆柱状或有钝棱。叶卵形或宽卵形，常3浅裂，长1.5～3厘米，宽1～2.5厘米，具离基三出脉，基部宽楔形。花数个团集，在小分枝上组成短于叶的腋生圆锥状花序；花被4～5深裂，裂片卵形，先端钝，果时常闭合；雄蕊与花被同数；柱头2，稀3，丝形。果皮膜质，黄褐色。花果期8～9月。生田边、村旁、山坡、湖边；海拔3800～5000米。产左贡、江孜、聂拉木、双湖、申扎、改则、革吉、札达；新疆、青海、甘肃、四川、河北；俄罗斯、蒙古。

299 狭叶尖头叶藜
Chenopodium acuminatum subsp. *virgatum*

一年生草本。茎直立，高达80厘米，多分枝，具条棱及色条。叶狭卵形、矩圆形乃至披针形，先端尖或短渐尖，具短尖头，基部宽楔形、圆形或近平截，上面无粉粒，淡绿色，下面稍被粉粒，呈灰白色，全缘，具半透明环边。团伞花序于枝上部组成紧密或有间断的穗状或穗状圆锥花序，花序轴具圆柱状粉粒；花被扁球形，5深裂，裂片宽卵形；雄蕊5。胞果顶基扁，圆形或卵形。花期6～7月，果期8～9月。生海滨、湖边、荒地等处。产河北、辽宁、江苏、浙江、福建、台湾、广东、广西；日本。西藏新分布。

腺毛藜属 *Dysphania*

300 菊叶香藜
Dysphania schraderiana

一年生草本。全株被多细胞短毛和颗粒状黄色腺体，有香气。茎直立，高达60厘米，通常有分枝。叶长圆形，长2～6厘米，宽1.5～3.5厘米，羽状浅裂，先端钝或尖，有时具短尖头，基部渐窄。复二歧聚伞花序腋生；花两性；花被近球形，5深裂，裂片卵形或窄卵形，果时开展；雄蕊5，花药近球形。胞果扁球形。生山坡、村边、河滩；海拔2700～4500米。产昌都、察雅、边坝、波密、改则、普兰、日土；辽宁、内蒙古、山西、陕西、甘肃、青海、四川和云南；欧洲、非洲。

轴藜属 *Axyris*

301 杂配轴藜
Axyris hybrida

植株高5～40厘米。茎直立，由基部分枝，分枝通常斜展或上升。叶片卵形、椭圆形或矩圆状披针形，长0.5～3.5厘米，宽0.2～1厘米，先端钝或渐尖，具小尖头，基部楔形或渐狭，全缘，背部叶脉明显，两面皆被星状毛。雄花序穗状，花被片3，膜质，矩圆形，先端钝，雄蕊3，与花被片对生；雌花花被片3。果实宽椭圆状倒卵形，顶端具2个小的三角状附属物。花果期7～8月。生山坡草地上。产昌都、贡觉；黑龙江、河北、内蒙古、山西、河南、甘肃、青海、新疆、云南；克什米尔、俄罗斯、蒙古。

三十六、凤仙花科 Balsaminaceae

凤仙花属 *Impatiens*

302 草莓凤仙花
Impatiens fragicolor

一年生草本；高达30～70厘米。茎粗壮，肉质，常不分枝，常紫色。叶具柄，下部对生，上部互生，披针形或卵状披针形，长3.5～10（～12）厘米，宽1.5～4厘米，顶端渐尖，基部楔形，边缘具圆齿状锯齿，齿端具小刚毛；侧脉7～9对。总花梗少数，达5～7个，近伞房状排列，具1～6花，花紫色或淡紫色；侧生萼片2，斜卵形，顶端渐尖；旗瓣心状宽卵形，顶端钝或微凹，顶端具小尖头，翼瓣无柄，长达2厘米，基部裂片近卵形，上部裂片斧形；唇瓣宽漏斗状，基部有内弯的细距；花药钝。蒴果长圆状线形，顶端喙尖。花期7～8月。生路边或河边草丛中或水沟边湿地上；海拔3100～3900米。产米林、林芝、工布江达、边坝、比如。

三十七、报春花科 Primulaceae

报春花属 *Primula*

303 白粉圆叶报春 *Primula littledalei*

多年生草本。全株被短柔毛。叶圆形或肾圆形，宽1～7.5厘米，先端圆，基部深心形或平截，具三角形粗牙齿，下面被白粉。花莛高4～18厘米，伞形花序（1～）3～15花；花萼钟状，被白粉，分裂达全长2/3或更深，裂片披针形；花冠蓝紫色或淡紫色，冠筒长0.9～1.3厘米，冠檐径1.5～2厘米，裂片宽倒卵形，先端全缘或具小齿。蒴果卵圆形。花期6月，果期7月。生石缝中；海拔4300～5000米。产南木林、拉萨、嘉黎、工布江达、隆子、朗县、墨脱等地；尼泊尔。

304 大叶报春 *Primula macrophylla*

多年生草本。植株被白粉。叶丛基部由鳞片、叶柄包叠成假茎状，高3～5厘米；叶披针形或倒披针形，长5～12厘米，全缘或具细齿，常外卷，下面被白粉或无粉。花莛高10～25厘米；伞形花序具5至多花；花萼筒状，裂片披针形，常带紫色，内面被白粉；花冠紫色或蓝紫色，裂片近圆形或倒卵圆形，全缘或微凹缺。蒴果筒状。花期6～7月，果期8～9月。生山坡草地，碎石缝中或河水边；海拔4800～5200米。产札达、普兰、申扎、安多、定结、拉萨；阿富汗、克什米尔、印度、尼泊尔、不丹。

305 粉莛报春
Primula melanops

多年生草本。叶丛基部由鳞片、叶柄包叠成假茎状，高可达10厘米；叶披针形至狭披针形，长7～15厘米，宽1.2～3厘米，先端渐尖，边缘全缘或具小圆齿。花莛稍粗壮，高25～35厘米；伞形花序1～2轮，每轮5～12花；花萼狭钟状，裂片矩圆形至矩圆状披针形，先端稍钝；花冠紫色，喉部具环状附属物，裂片椭圆状卵形，全缘。蒴果筒状。花期6～7月。生高山草地、林下和流石滩上；海拔3900～5000米。产四川西南部（理塘、木里、稻城）。西藏新分布。

306 西藏报春　西藏粉报春
Primula tibetica

多年生小草本。全株无粉。叶丛高1～5厘米，叶片卵形、椭圆形或匙形，长6～30毫米，宽2～16毫米，先端钝或圆形，基部楔形或近圆形，全缘，很少具稀疏不明显的钝齿，鲜时稍带肉质，两面秃净，中肋稍宽，侧脉不明显。花莛1～6枚自叶丛抽出，甚短至高达13厘米；花1～10朵生于花莛端；花萼狭钟状，明显具5棱，沿棱脊常染紫色，裂片披针形或近三角形，稍锐尖；花冠粉红色或紫红色，冠筒口周围黄色，裂片阔倒卵形，先端2深裂。蒴果筒状。生山坡湿草地和沼泽化草甸中；海拔3200～4800米。产札达、噶尔、仲巴、吉隆、聂拉木、定日、尼木、拉萨、错那、加查、八宿等地；印度、尼泊尔、不丹。

307 雅江报春
Primula munroi subsp. *yargongensis*

多年生草本。全株无粉。叶片卵形、矩圆形或近圆形，长1～3.5厘米，宽5～22毫米，先端钝或圆形，基部楔形、圆形或近心形，全缘或具不明显的稀疏小牙齿，鲜时带肉质，两面散布有小腺体，中肋宽扁，侧脉5～7对，纤细。花莛高10～30厘米；伞形花序2～6花，极少出现第2轮花序；花萼狭钟状，明显具5棱，绿色，常有紫色小腺点，裂片披针形或三角形；花冠蓝紫色或紫红色，冠筒口周围黄色，喉部具环状附属物，裂片倒卵形，先端深2裂。蒴果长圆体状。花期6～8月，果期8～9月。生山坡湿草地、草甸和沼泽地；海拔3000～4500米。产芒康、察隅；四川（西部）、云南（西北部）；缅甸（北部）。

308 杂色钟报春
Primula alpicola

多年生草本。叶丛生；叶长圆形或长圆状椭圆形，长10～20厘米，宽3～8厘米，先端圆，基部平截或圆，有时微心形或短楔形，具小牙齿或小圆齿。花莛高15～90厘米；伞形花序2～4轮，每轮5至多花；花萼钟状，被黄粉，裂片三角形或披针形；花冠黄色、紫色或白色，冠筒长1.1～1.3厘米，冠檐径1.2～3厘米，裂片宽倒卵形或近圆形，先端凹缺。蒴果筒状。花期7月。生山坡水沟边、林间草甸、灌丛下；海拔3100～3700米。产朗县、米林、林芝；不丹。

点地梅属 *Androsace*

309 垫状点地梅 *Androsace tapete*

多年生草本。植株为半球形垫状体，由多数根出短枝紧密排列而成。叶2型，无柄；外层叶舌形或长椭圆形，长2～3毫米，先端钝，近无毛；内层叶线形或窄倒披针形，长2～3毫米，下面上半部密集白色画笔状毛；花莛近无或极短。花单生，无梗或梗极短，仅花冠裂片露出叶丛；花萼筒状，裂片三角形；花冠粉红色，径3毫米，裂片倒卵形，边缘微呈波状。花期6～7月。生砾石山坡、河谷阶地和平缓的山顶；海拔4000～5000米。产昌都、拉萨、定日、聂拉木、白朗、亚东、浪卡子、吉隆、那曲等县；新疆、甘肃、青海、四川、云南；尼泊尔。

310 高原点地梅 *Androsace zambalensis*

多年生草本。植株由多数根出条和莲座状叶丛形成密丛或垫状体；莲座状叶丛直径6～8毫米；叶近二型，外层叶长圆形或舌形，长3.5～4.5毫米，宽约1毫米，早枯；内层叶狭舌形至倒披针形，长5～6毫米，宽约1毫米。花莛单生，高1～2厘米，被开展的长柔毛；伞形花序2～5花；花萼阔钟形或杯状，裂片卵状三角形；花冠白色，喉部周围粉红色，直径4.5～8毫米，裂片阔倒卵形或楔状倒卵形，全缘或先端微凹。花期6～7月。生湿润的砾石草甸和流石滩上；海拔3600～5000米。产西藏（东南部）、四川（西部）、云南（西北部）和青海（南部）。

311 唐古拉点地梅
Androsace tangulashanensis

多年生草本。地上部分为半球形的垫状体，由极多数的根出条紧密排列而成。当年生叶丛绿色，叠生于老叶丛上，无间距；外层叶阔披针形至披针形，长2.5～3毫米，土褐色，先端渐尖，背部略具脊；内层叶长圆形至阔线形，长4～6毫米，先端锐尖，有时叶的先端具短柔毛或数根柔毛。花莛单一，自当年生叶丛中抽出，高2～8毫米；花通常1朵，稀2朵；花萼陀螺状，裂片宽披针形，先端钝；花冠白色，直径约7毫米，裂片倒卵形；雄蕊位于冠筒的中上部，花药小，卵形；子房陀螺状，花柱细长，柱头头状。花期7月。生高山草甸中；海拔5000米。产那曲、安多；青海（曲麻莱）。

312 西藏点地梅
Androsace mariae

多年生草本；高4～20厘米。叶丛通常形成密丛；叶2型；外层叶无柄，舌状或匙形，长3～5毫米，先端尖；内层叶近无柄，匙形或倒卵状椭圆形，长0.7～1.5厘米，先端尖或近圆而具骤尖头，基部渐窄，边缘软骨质，具缘毛。花莛高2～8厘米，被硬毛或腺体；伞形花序2～7（～10）花；花萼分裂达中部，裂片三角形；花冠粉红或白色，径5～7毫米，裂片楔状倒卵形，先端略呈波状。花期6月。生山坡草地、灌丛、林缘和沙石地上；海拔3300～4400米。产贡觉、昌都、江达、左贡、芒康。

313 小点地梅
Androsace gmelinii

一年生小草本。叶基生，叶片近圆形或圆肾形，直径4～7毫米，基部心形或深心形，边缘具7～9圆齿，两面疏被贴伏的柔毛；叶柄长2～3厘米，被稍开展的柔毛。花莛柔弱，高3～9厘米；伞形花序2～3（～5）花；花萼钟状或阔钟状，分裂约达中部，裂片卵形或卵状三角形，先端锐尖；花冠白色，与花萼近等长或稍伸出花萼，裂片长圆形，先端钝或微凹。蒴果近球形。花期5～6月。生河岸湿地、山地沟谷和林缘草甸。产内蒙古、青海、甘肃和四川（西北部）；蒙古、俄罗斯（西伯利亚及远东地区）。西藏新分布。

羽叶点地梅属 *Pomatosace*

314 羽叶点地梅
Pomatosace filicula

株高3～9厘米。叶多数，叶片轮廓线状矩圆形，长1.5～9厘米，宽6～15毫米，两面沿中肋被白色疏长柔毛，羽状深裂至近羽状全裂，裂片线形或窄三角状线形。花莛通常多枚自叶丛中抽出，疏被长柔毛；伞形花序（3～）6～12花；花萼杯状或陀螺状，分裂略超过全长的1/3，裂片三角形，锐尖；花冠白色，裂片矩圆状椭圆形，先端钝圆。蒴果近球形，直径约4毫米，周裂成上下两半。生山坡草丛中；海拔4200米。产比如；青海、四川、甘肃。

三十八、杜鹃花科 Ericaceae

杜鹃属 *Rhododendron*

315 雪层杜鹃
Rhododendron nivale

常绿小灌木；高达0.9（～1.2）米。常平卧成垫状。幼枝密被黑锈色鳞片。叶革质，椭圆形、卵形或近圆形，长0.4～1.2厘米。花序顶生，有1～2（3）花；花萼裂片常有1条中央鳞片带；花冠宽漏斗形，粉红色、丁香紫色或鲜紫色，长0.7～1.6厘米，冠筒较裂片约短2倍，内外均被柔毛；雄蕊（8～)10；花柱上部稍斜弯。蒴果圆形或卵圆形。花期5～8月，果期8～9月。生高山灌丛、冰川谷地、草甸，常为杜鹃灌丛的优势种；海拔3200～5800米。产昌都、类乌齐、丁青、索县、比如、嘉黎、墨脱、江达、左贡、八宿、察隅、波密、林芝、米林、朗县、加查、工布江达、墨竹工卡、林周、拉萨、南木林、乃东、隆子、错那、洛扎、亚东、定结、定日、聂拉木；青海；尼泊尔、印度、不丹。

316 海绵杜鹃
Rhododendron pingianum

常绿灌木或小乔木；高达9米。幼枝被灰白色绒毛。老枝无毛；叶革质，倒披针形或椭圆状披针形，长9～15厘米，先端锐尖，基部楔形，上面绿色，无毛，下面有白色或灰白色毛被，侧脉12～16对。总状伞形花序有12～22花；花萼小，5裂；花冠钟状漏斗形，长3～3.5厘米，粉红色或淡紫红色，基部窄，5裂；雄蕊10；子房圆柱状，被柔毛，花柱无毛。蒴果圆柱状。花期5～6月，果期9～10月。生山坡疏林中；海拔3700～4500米。产察隅、左贡、江达、昌都、类乌齐、错那；四川、云南。

三十九、茜草科 Rubiaceae

拉拉藤属 *Galium*

317 玉龙拉拉藤　红花拉拉藤
Galium baldensiforme

稠密丛生的一年生矮小草本；高3～12厘米，干时淡黑色；茎柔弱，上升，节上有倒生的细刚毛外。叶纸质，4～6片轮生，椭圆形或近卵形，长2～5毫米，宽1～2毫米，顶端具硬尖和有透明的刚毛，基部突然收缩渐狭或下延成柄。聚伞花序顶生和生于上部叶腋，常3花；萼管密被刚毛，花萼裂片不明显；花冠裂片卵形，长不及1毫米，1脉，有小短尖头，边缘有乳头状细睫毛，柱头小，头状。果密被棕黄色长钩毛。果期10月。生山地岩石上；海拔3600～3900米。产吉隆、波密、察隅、贡觉；青海、四川、云南。

318 猪殃殃
Galium spurium

多枝、蔓生或攀缘状草本；高达90厘米。茎有4棱。叶纸质或近膜质，（4～5）6～8片轮生带状倒披针形或长圆状倒披针形，长1～5.5厘米，宽1～7毫米，先端有针状凸尖头，基部渐窄，1脉；近无柄。聚伞花序腋生或顶生；花4数，花梗纤细；花萼被钩毛；花冠黄绿色或白色，裂片长圆形，长不及1毫米。果干燥，有1或2个近球状分果爿，径达5.5毫米，肿胀，密被钩毛。花期3～7月，果期4～11月。常见于林边、草地、河滩、荒地、路旁；海拔2900～4000米。产类乌齐、昌都、察雅、左贡、林芝、米林、错那、南木林、林周、萨迦、拉萨、定结、聂拉木、吉隆；我国各地都有；欧亚大陆广布，北至斯堪的纳维亚，南至地中海沿岸，东至日本，北美也有。

319 麦仁珠 弯梗拉拉藤
Galium tricorne

一年生草本；高达80厘米。茎具4棱，棱有倒生刺，少分枝。叶坚纸质，6～8片轮生，带状倒披针形，长1～3.2厘米，宽2～6毫米，先端锐尖，基部渐窄，常萎软状，下面中脉和边缘均有倒生小刺，1脉。聚伞花序腋生，花序梗有倒生小刺，具3～5花，常下弯；花4数；花梗具倒生小刺，下弯；花冠白色、辐状，径1～1.5毫米，裂片卵形；雄蕊伸出。分果爿近球形，单生或双生，有小瘤状凸起。花期4～6月，果期5月至翌年3月。生山坡草地、旷野、河滩、沟边；海拔3900～4300米。产普兰、拉萨、波密、巴青；山西、陕西、甘肃、新疆、江苏、安徽、江西、河南、湖北、四川、贵州；印度、巴基斯坦、亚洲（西部）、欧洲、非洲（北部）、美洲（北部）。

四十、龙胆科 Gentianaceae

龙胆属 *Gentiana*

320 全萼秦艽 全萼龙胆
Gentiana lhassica

多年生草本；高7～9厘米。全株光滑无毛。莲座丛叶狭椭圆形或线状披针形，长4～10厘米，宽0.5～0.8厘米，先端钝或渐尖，基部渐狭，叶脉1～3条；茎生叶椭圆形或椭圆状披针形，长1.5～3厘米，宽0.4～0.6厘米，两端钝。单花顶生，稀2～3朵呈聚伞花序；花萼筒膜质，紫红色或黄绿色，花冠蓝色或内面淡蓝色，外面紫褐色，宽筒形或漏斗形，长2.4～2.8厘米，裂片卵圆形，先端钝圆，全缘，褶整齐，狭三角形。蒴果椭圆状披针形。花果期8～9月。生山坡草地、高山草甸、灌丛草甸上；海拔4500～4900米。产比如、工布江达、朗县、加查、隆子、泽当、拉萨；青海。

321 麻花艽
Gentiana straminea

多年生草本；高达35厘米。莲座丛叶宽披针形或卵状椭圆形，长6～20厘米，两端渐窄；茎生叶线状披针形或线形，长2.5～8厘米。聚伞花序顶生或腋生，花序疏散，花序梗长达9厘米；萼筒膜质，黄绿色，一侧开裂，萼片2～5，钻形；花冠黄绿色，喉部具绿色斑点，有时外面带紫色或蓝灰色，漏斗形，裂片卵形或卵状三角形，先端钝，全缘，褶偏斜，三角形。蒴果内藏，椭圆状披针形。花果期7～10月。生河滩、高山草甸、灌丛、林下；海拔2600～4950米。产江达、昌都、八宿、类乌齐、那曲、安多、巴青、南木林；四川、甘肃、青海、宁夏、湖北；尼泊尔。

322 粗壮秦艽　粗壮龙胆
Gentiana robusta

多年生草本；高10～30厘米。莲座丛叶卵状椭圆形或狭椭圆形，长8～23厘米，宽2～4.5厘米，先端急尖或渐尖，基部渐狭，边缘微粗糙；茎生叶披针形，长3.5～6.5厘米，宽0.7～1.7厘米。花多数，无花梗，簇生枝顶呈头状或腋生作轮状；花萼筒膜质，黄绿色，萼齿常5个；花冠黄白色或黄绿色，筒状钟形，裂片卵形，卵状三角形，褶偏斜，截形或三角形。蒴果内藏，椭圆状披针形。生田边、路旁、山坡草甸上；海拔3500～4800米。产贡觉、萨迦、昂仁、聂拉木、亚东；尼泊尔、印度、不丹。

323 乌奴龙胆
Gentiana urnula

多年生矮小草本；高达6厘米。具匍匐茎，丛生枝稀疏。花常单生茎顶，稀2～3朵簇生，无花梗；萼筒膜质，裂片绿色或紫红色；花冠淡紫红色或淡蓝紫色，具深蓝灰色条纹，壶形或钟形，长2～3（～4）厘米；裂片宽卵圆形，褶平截或圆形，具不整齐细齿；柱头离生。蒴果卵状披针形。花果期8～10月。生高山草甸、流石滩上；海拔3700～5200米。产巴青、比如、申扎、加查、林周、拉萨、南木林、岗巴；青海；尼泊尔、印度、不丹。

324 提宗龙胆
Gentiana stipitata subsp. *tizuensis*

多年生草本；高3.5～10厘米。莲座丛叶不发达，卵状披针形或卵形，长1.5～2厘米，宽4～5.5毫米；茎生叶多对，中下部者稀疏，小，卵形或椭圆形，上部者密集，大，椭圆形或匙形。花单生茎顶，萼筒白色膜质，裂片绿色，倒披针形或匙形，不等大；花冠浅蓝色或白色，具深蓝色条纹，有时有斑纹。花期7～10月。生河滩、高山草甸、高山灌丛草甸上；海拔3700～4300米。产察雅、江达、八宿、芒康；四川、甘肃、青海。

325 大花龙胆
Gentiana szechenyii

多年生草本；高5～7厘米。花枝数个丛生。叶常对折，先端渐尖；莲座丛叶发达，剑状披针形，长4～6厘米，宽0.3～1厘米；茎生叶少，密集，椭圆状披针形或卵状披针形。花单生枝顶，基部包于上部叶丛中；无花梗；花萼筒白色膜质，倒锥状筒形；花冠上部蓝色或蓝紫色，下部黄白色，具蓝灰色宽条纹，筒状钟形，长4～6厘米，裂片卵圆形或宽卵形，全缘，褶整齐，卵形，先端钝，全缘。花果期6～11月。生高山草甸、草甸化草原、阳坡砾石地；海拔4100～4800米。产昌都、八宿、比如；青海、四川、云南。

326 蓝玉簪龙胆
Gentiana veitchiorum

多年生矮小草本；高达10厘米；莲座丛叶线状披针形，长3～5.5厘米；茎生叶多对，下部叶卵形，长2.5～7毫米，茎部叶窄椭圆形或披针形，长0.7～1.3厘米，上部叶宽线形或线状披针形，长1～1.5厘米；花单生枝顶，无梗；萼筒带紫色，筒形；花冠上部深蓝色，下部黄绿色，具深蓝色条纹及斑点，窄漏斗形或漏斗形，长4～6厘米，裂片卵状三角形，褶宽卵形，边缘啮蚀状；蒴果内藏，椭圆形或卵状椭圆形。花果期6～10月。生山坡草地、草甸、河谷、灌丛中；海拔3250～4700米。产江达、芒康、左贡、八宿、隆子、泽当、林周、南木林；甘肃、青海、四川、云南。

327 高山龙胆

Gentiana algida

多年生草本；高达20厘米。叶多基生，线状椭圆形或线状披针形，长2～5.5厘米，叶柄长1～3.5厘米；茎生叶1～3对，窄椭圆形或椭圆状披针形，长1.8～2.8厘米。花1～3（～5）朵顶生，无梗或具短梗；花萼钟形或倒锥形，萼筒膜质，萼齿线状披针形或窄长圆形；花冠黄白色，具深蓝色斑点，筒状钟形或漏斗形，长4～5厘米，裂片三角形或卵状三角形，褶偏斜，平截。蒴果椭圆状披针形。花果期7～9月。生山坡草地、河滩草地、灌丛中、林下、高山冻原；海拔1200～5300米。产新疆、吉林（长白山）；日本。

328 倒锥花龙胆

Gentiana obconica

多年生草本；高4～6厘米。花枝多数丛生，铺散，斜升，黄绿色，光滑，仅少数枝开花。莲座丛叶极不发达；茎生叶多对，密集，中、下部叶卵形，长2～5毫米，宽2～4毫米，上部叶椭圆形或卵状椭圆形，长6～11毫米，宽2～3毫米。花单生枝顶，无花梗；萼筒黄绿色或紫红色，筒形，裂片与上部叶同形；花冠深蓝色，有黑蓝色宽条纹，或有时基部黄绿色，有蓝色斑点，宽倒锥形，长3～4厘米，喉部直径2～2.7厘米，裂片卵圆形，褶微偏斜，截形或宽三角形。花期8～9月。生山坡草地；海拔4000～5500米。产林芝、朗县、加查。

329 东俄洛龙胆
Gentiana tongolensis

一年生草本；高3～8厘米。茎自基部多分枝，具糙毛。基生叶在花期枯萎；茎生叶圆匙形，长4～8毫米，宽3～4毫米，先端圆形，基部圆形，突然收缩成柄。花5数，单生枝顶；萼筒被乳突或平滑，裂片整齐，基部缢缩成爪；花冠淡黄色，上部具蓝色斑点。蒴果窄长圆形。花果期8～9月。生山坡草地；海拔3500～4800米。产比如；四川、云南。

330 厚边龙胆
Gentiana simulatrix

一年生草本；高2～6厘米。茎常带紫红色，自基部起作多次二歧分枝，枝疏散，直立或斜升。基生叶大，在花期枯萎，卵形或卵状椭圆形；茎生叶小，近直立，卵状匙形、椭圆形至披针形，长5～7毫米，宽2～4毫米，越向茎上部叶越狭窄。花多数，单生于小枝顶端；花梗常带紫红色；花萼倒锥形，萼筒膜质，黄绿色，裂片绿色，卵形；花冠蓝色，筒形，裂片卵形，褶卵形。朔果外露，椭圆形或椭圆状卵形。花果期5～8月。生河边沙滩、草地、草甸；海拔3000～4000米。产江孜、拉萨、隆子、林芝；青海。

331 假鳞叶龙胆
Gentiana pseudosquarrosa

一年生草本；高3～6厘米。茎常带紫红色，从基部起有丰富分枝，枝铺散，斜升；基生叶大，在花期枯萎，宿存，卵状披针形、卵形或卵状椭圆形，长6～15毫米，宽4～6毫米；茎生叶小，外反，疏离，匙形或倒卵状匙形，长3～7毫米，宽1.5～2.2毫米；花多数，单生于小枝顶端；花萼倒锥状筒形，裂片卵圆形或卵形；花冠深蓝色，漏斗形，裂片卵形，褶卵形。蒴果外露，倒卵状矩圆形或倒卵形。花果期4～9月。生山坡草地；海拔约3800米。产江达、昌都；青海、四川、云南。

332 刺芒龙胆
Gentiana aristata

一年生小草本；高达10厘米。茎基部多分枝，枝铺散，斜上升。基生叶卵形或卵状椭圆形，长7～9毫米，边缘膜质，花期枯萎，宿存；茎生叶对折，疏离，线状披针形，长0.5～1厘米。花单生枝顶；花萼漏斗形，裂片线状披针形；花冠下部黄绿色，上部蓝、深蓝色或紫红色，喉部具蓝灰色宽条纹，倒锥形，裂片卵形或卵状椭圆形，褶宽长圆形。蒴果长圆形或倒卵状长圆形。花果期6～9月。生河滩草地、河滩灌丛下、沼泽草地、草滩、高山草甸、灌丛草甸、草甸草原、林间草丛、阳坡砾石地、山谷及山顶；海拔1800～4600米。产西藏（东部）、云南（西北部）、四川（北部）、青海、甘肃。

333 黄白龙胆
Gentiana prattii

一年生矮小草本；高达4厘米。基部多分枝，枝铺散或斜升。基生叶卵圆形，长3～3.5毫米；茎生叶覆瓦状排列，卵形或椭圆形，长4～5毫米，先端具小尖头，边缘密被小睫毛。花单生枝顶；花萼筒状漏斗形，裂片卵状披针形或三角形；花冠黄绿色，具暗绿色宽条纹，筒形，裂片卵形，褶长圆形。蒴果长圆状匙形，具翅。花果期6～9月。生山坡草地、山坡草甸及滩地；海拔3000～4000米。产云南（西北部）、四川、青海、陕西。西藏新分布。

334 蓝白龙胆
Gentiana leucomelaena

一年生草本；高1.5～5厘米。茎黄绿色，在基部多分枝，枝铺散，斜升。基生叶稍大，卵圆形或卵状椭圆形，长5～8毫米，宽2～3毫米，先端钝圆；茎生叶小，疏离，椭圆形至椭圆状披针形，长3～9毫米，宽0.7～2毫米，先端钝圆至钝。花数朵，单生于小枝顶端；花萼钟形，裂片三角形；花冠白色或淡蓝色，稀蓝色，外面具蓝灰色宽条纹，喉部具蓝色斑点，钟形，裂片卵形，褶矩圆形。蒴果倒卵圆形，具翅。花果期5～10月。生山坡草甸、河滩、沼泽；海拔3600～5000米。产江达、类乌齐、错那、拉萨、林周、南木林、昂仁、定日、吉隆、仲巴、普兰、札达、日土；四川、青海、甘肃、新疆；印度、尼泊尔、俄罗斯、蒙古。

335 珠峰龙胆
Gentiana stellata

一年生草本；高2～3.5厘米。茎黄绿色，在基部有2～4个分枝或不分枝。叶卵形至倒卵状匙形，长3.5～5毫米，宽1～2毫米，越向茎上部叶越大，先端急尖至钝圆。花数朵，单生于小枝及茎顶端或单花；近无花梗；花萼外面常带紫红色，筒形，裂片狭三角形，中脉在背面呈龙骨状凸起，并向萼筒下延成翅，花冠蓝紫色，高脚杯状，长13～22毫米，冠筒细筒状，喉部突然膨大，直径5～7毫米，裂片卵状椭圆形，长2.5～3毫米，先端钝圆，褶卵状矩圆形，先端截形，啮蚀状。花果期8～9月。生山坡草地；海拔约4000米；产林芝、定日（珠穆朗玛峰地区）。

扁蕾属 *Gentianopsis*

336 湿生扁蕾
Gentianopsis paludosa

一年生草本；高达40厘。茎单生。基生叶3～5对，匙形，长3厘米，先端圆；茎生叶1～4对，长圆形或椭圆状披针形，长0.5～5.5厘米，先端钝。花单生茎枝顶端；花萼筒形，裂片近等长，先端尖，外对窄三角形，内对卵形；花冠蓝色，或下部黄白色，上部蓝色，宽筒形，裂片宽长圆形，先端圆，具微齿。蒴果椭圆形，具长柄。花果期7～1月。生河滩或山坡草地或灌丛及林下；海拔3200～4300米。产札达、聂拉木、南木林、林周、墨竹工卡、林芝、米林、左贡、八宿、昌都、江达、类乌齐、索县；云南、四川、青海、甘肃、陕西、宁夏、内蒙古、山西、河北；印度、尼泊尔、不丹。

假龙胆属 *Gentianella*

337 紫红假龙胆 紫花假龙胆
Gentianella arenaria

一年生草本；高2～4厘米。全株紫红色。茎从基部多分枝，铺散，基部节间极短缩，有条棱。基生叶和茎下部叶匙形或矩圆状匙形，连柄长5～8毫米，宽1～1.3毫米，先端钝，圆，叶脉在两面均不明显，基部渐狭成柄。花4数，单生分枝顶端；花萼紫红色；花冠紫红色，筒状，浅裂，裂片矩圆形，先端钝圆。蒴果卵状披针形。花果期7～9月。生河滩沙地、高山流石滩；海拔3400～5400米。产比如、安多等地；青海、甘肃。

338 黑边假龙胆
Gentianella azurea

一年生草本，高5～15厘米。茎常紫红色，有条棱，从基部或下部起分枝，枝开展。基生叶早落；茎生叶无柄，矩圆形，椭圆形或矩圆状披针形，长3～22毫米，宽1.5～7毫米，先端钝。聚伞花序顶生和腋生，稀单花顶生；花萼绿色，长为花冠之半，深裂，萼筒短，长仅1.5～2毫米，裂片卵状矩圆形、椭圆形或线状披针形；花冠蓝色或淡蓝色，漏斗形，长5～14毫米，近中裂，裂片矩圆形，先端钝，冠筒基部具10小腺体；雄蕊着生于冠筒中部，花药蓝色。蒴果无柄，先端稍外露。花果期7～9月。生山坡草地、林下、灌丛中、高山草甸，海拔2280～4850米。产聂拉木、康马、八宿、左贡、比如；云南、四川、青海、甘肃、新疆；不丹、蒙古、俄罗斯。

喉毛花属 *Comastoma*

339 蓝钟喉毛花
Comastoma cyananthiflorum

多年生草本；高达15厘米。茎基部分枝。基生叶倒卵状匙形，长1.5～2.8厘米，先端圆或钝；茎中部叶倒卵状匙形，长0.5～1厘米，先端钝圆。花单生分枝端，5数；花萼绿色，深裂至基部，裂片披针形；花冠蓝色，高脚杯状，喉部突然膨大，裂片狭椭圆形，喉部具1圈流苏状副冠。蒴果披针形。花期8～9月。生高山草甸；海拔3900～4800米。产察隅、八宿；云南（西部）、四川、青海。

340 喉毛花
Comastoma pulmonarium

一年生草本；高达30厘米。茎直立。基生叶少数，长圆形或长圆状匙形，长1.5～2.2厘米，先端圆；茎生叶卵状披针形，长0.6～2.8厘米，茎上部及分枝叶小，半抱茎。聚伞花序或单花顶生；花5数；花萼开展，裂片卵状三角形、披针形或窄椭圆形，先端尖；花冠淡蓝色，具深蓝色脉纹，筒形或宽筒形，浅裂，裂片直伸，卵状椭圆形，喉部具1圈白色副冠，副冠5束。蒴果椭圆状披针形。花果期7～11月。生河滩、草甸、灌丛及林下；海拔3400～4800米。产南木林、墨竹工卡、加查、察隅、八宿、芒康、类乌齐、索县、那曲；云南、四川、青海、甘肃、陕西、山西；日本。

花锚属 *Halenia*

341 椭圆叶花锚　卵萼花锚
Halenia elliptica

一年生草本；高达60厘米。茎直立、上部分枝。叶椭圆形或卵状椭圆形，长达5厘米，宽至2厘米，先端钝，基部近圆形，两面光滑，叶脉3～5条，叶柄短或无柄；基生叶花期早落；茎生叶向上渐小。聚伞花序顶生及腋生，花萼裂片椭圆形或卵形，先端渐尖，花冠蓝色或紫色，4深裂，裂片卵圆形；子房卵圆形。蒴果宽卵圆形。花果期7～9月。生林下、灌丛中、水边或河滩；海拔2800～4500米。产错那、米林、墨脱、察隅、八宿、察雅、昌都、类乌齐、那曲；西北、西南及湖南、湖北、内蒙古；克什米尔山区、印度、尼泊尔、不丹。

肋柱花属 *Lomatogonium*

342 肋柱花　加地肋柱花
Lomatogonium carinthiacum

一年生草本；高达30厘米。茎下部多分枝。基生叶早落，莲座状，叶匙形，长1.5～2厘米；茎生叶披针形、椭圆形或卵状椭圆形，长0.4～2厘米，宽3～7毫米，先端钝或尖。聚伞花序或花生枝顶；花5数；萼裂片卵状披针形或椭圆形；花冠蓝色，裂片椭圆形或卵状椭圆形，先端尖，基部两侧各具1管形腺窝，下部浅囊状，上部具裂片状流苏；花药蓝色，长圆形。蒴果圆柱形。花期8～10月。生河滩、草地、山坡砾石地或高山草甸及林下；海拔4100～5200米。产改则、亚东、错那、尼木、八宿、比如、墨竹工卡；西北、华北及四川；欧洲、亚洲、北美洲的温带及大洋洲。

辐花属 *Lomatogoniopsis*

343 辐花
Lomatogoniopsis alpina

一年生小草本；高达10厘米。茎基部多分枝，稀单一；基生叶匙形，连柄长0.5～1厘米，具短柄；茎生叶卵形，长（0.3～）0.6～1.1厘米，无柄；叶先端钝，基部稍窄缩，边缘被乳突。聚伞花序顶生及腋生，稀单花；萼裂片卵形或卵状椭圆形，先端钝圆；花冠蓝色，裂片二色，椭圆形或椭圆状披针形，附属物窄椭圆形，淡蓝色，全缘或先端2齿裂。蒴果卵状椭圆形。花果期8～9月。生草甸上或林缘；海拔3950～4300米。产江达、类乌齐；青海。

獐牙菜属 *Swertia*

344 四数獐牙菜
Swertia tetraptera

一年生草本；高5～30厘米。茎直立，四棱形。基生叶（在花期枯萎）与茎下部叶具长柄，叶片矩圆形或椭圆形，长0.9～3厘米，宽（0.8）1～1.8厘米，先端钝，基部渐狭成柄，叶质薄，叶脉3条；茎中上部叶无柄，卵状披针形，长1.5～4厘米，宽达1.5厘米，先端急尖，基部近圆形，半抱茎，叶脉3～5条；分枝的叶较小。圆锥状复聚伞花序或聚伞花序多花，稀单花顶生；花4数，大小相差甚远；大花的花萼绿色，叶状，裂片披针形或卵状披针形，花时平展，长6～8毫米；花冠黄绿色，有时带蓝紫色，开展，裂片卵形，下部具2个腺窝，内侧边缘具短裂片状流苏。蒴果卵状矩圆形；小花的花萼裂片宽卵形，长1.5～4毫米，先端钝；花冠黄绿色，常闭合，闭花授粉，裂片卵形，长2.5～5毫米，先端钝圆，腺窝常不明显；蒴果宽卵形或近圆形。花果期7～9月。生潮湿山坡、河滩、灌丛中、疏林下；海拔2000～4000米。产西藏、四川、青海、甘肃。

四十一、紫草科 Boraginaceae

颈果草属 *Metaeritrichium*

345 颈果草 *Metaeritrichium microuloides*

一年生草本；高达5厘米。茎基部辐射状分枝。叶匙形或倒卵状披针形，长7～10厘米，先端钝，基部渐窄，两面疏被糙毛。花单生叶腋或腋外；花萼5裂至近基部，裂片披针形；花冠钟状筒形，蓝紫色，裂片近圆形，喉部具半月形附属物。小坚果背腹扁，卵形，长约2毫米，背盘边缘具锚状刺。花果期7～8月。生河滩沙地、草甸残碎裸地或山顶石堆；海拔4500～5000米。产安多、班戈；青海。

琉璃草属 *Cynoglossum*

346 倒提壶 *Cynoglossum amabile*

多年生草本；高达50厘米。茎1条或数条，直立，密被糙毛。基生叶长圆状披针形或宽披针形，长5～12厘米，两面密被具基盘短糙伏毛；茎生叶长圆形或窄长圆形，长2～5厘米，基部近圆。聚伞花序单一或锐角分叉；花萼裂片卵形或长圆形；花冠常蓝色，裂片近圆形，喉部附属物梯形。小坚果卵圆形，背盘明显，密被锚状刺。花果期6～9月。生山坡草地、山坡灌丛、干旱路边及针叶林缘；海拔1250～4565米。产吉隆、聂拉木、康马、拉萨、米林、林芝、波密；云南、贵州、四川、甘肃（南部）；不丹。

毛果草属 *Lasiocaryum*

347 毛果草
Lasiocaryum densiflorum

一年生草本；高达6厘米。茎基部多分枝，被短伏毛。叶卵形、椭圆形或倒卵形，长0.5～1.2厘米，两面疏被柔毛，基部渐窄，脉不明显。聚伞花序生于分枝顶端，具多花；花萼裂片线形，稍不等长；花冠蓝色，无毛，冠筒与花萼近等长，裂片倒卵形，先端钝，有时微凹，喉部黄色，具5个微2裂附属物。小坚果窄卵圆形，淡褐色。花期8月。生石质山坡；海拔4000～4500米。产错那；四川；不丹、印度、巴基斯坦及克什米尔。

微孔草属 *Microula*

348 刚毛小果微孔草
Microula pustulosa var. *setulosa*

茎通常自基部分枝，渐升，长4～8厘米，被刚毛。基生叶及茎下部针有短或稍长柄（长达6毫米），匙形或长圆形，茎中部以上叶具短柄或无柄，椭圆形或长圆形，长0.5～1.5厘米，宽2～5毫米，顶端微尖或钝。花在茎上与叶对生，或少数于茎或枝端形成密集的短花序；花萼5裂近基部，裂片狭三角形；花冠蓝色，5裂，裂片宽椭圆状倒卵形，附属物半月形。小坚果卵形，有小瘤状突起。8～9月开花。生山坡砾石地；海拔4200～4300米。产那曲。

349 甘青微孔草
Microula pseudotrichocarpa

直立草本；高达30厘米。茎数条，中上部分枝，疏被糙伏毛及刚毛。基生叶及下部茎生叶长圆状披针形或倒披针形，长3～5厘米，先端尖，基部渐窄，两面被糙伏毛及疏被刚毛；上部茎生叶较小。花自茎下部起与叶对生，具短梗，在茎顶少数聚生形成短花序；花萼裂片窄三角形；花冠蓝色，裂片宽倒卵形，喉部附属物半月形。小坚果卵圆形，被疣状突起及短毛。花果期7～8月。生山谷草地；海拔3900米。产昌都；四川、青海、甘肃。

350 微孔草
Microula sikkimensis

茎高6～65厘米，直立或渐升，被刚毛，有时还混生稀疏糙伏毛。基生叶和茎下部叶具长柄，卵形、狭卵形至宽披针形，长4～12厘米，宽0.7～4.4厘米，顶端急尖、渐尖，稀钝，基部圆形或宽楔形，中部以上叶渐变小，具短柄至无柄，狭卵形或宽披针形，边缘全缘。花序密集，生茎顶端及无叶的分枝顶端；花萼5裂近基部，裂片线形或狭三角形；花冠蓝色或蓝紫色，裂片近圆形，附属物低梯形或半月形。小坚果卵形，有小瘤状突起和短毛。5～9月开花。生高山草地，田边、湖边、林中；海拔3000～4200米。产昌都、察雅、索县、林芝、察隅、拉萨、林周、昂仁、申札、亚东、康马、聂拉木、定日、吉隆；陕西、甘肃、青海、四川、云南；印度。

351 西藏微孔草
Microula tibetica

多年生草本。茎高约1厘米。叶基生，椭圆形或椭圆状长圆形，长3～13厘米，先端圆或钝，基部渐窄成柄，近全缘；茎生叶较窄小。花序不分枝或分枝；花萼裂片窄三角形；花冠白色或蓝色，裂片近圆形，喉部附属物梯形。小坚果卵圆形，被疣状突起。花果期7～9月。生山坡草地，河滩、沙滩、流石滩上，四川、青海、新疆；海拔4500～5300米。产安多、那曲、班戈、改则、双湖、日土、噶尔、普兰、吉隆、昂仁、仲巴、南木林、萨噶、错那；印度、克什米尔。

352 小微孔草
Microula younghusbandii

草本；高达5厘米。茎基部常分枝，直立或斜升，密被糙毛。叶窄长圆形或倒披针形，长0.8～2厘米，先端尖，基部渐窄。花自茎下部起对叶而生，在茎和分枝顶端少数组成短花序；花萼5裂近基部；花冠紫色或白色。小坚果三角状卵形，被疣状突起。花期6～9月。生湖边或山坡灌丛中，海拔4300～4900米。产昂仁、普兰；云南、四川、青海。

四十二、旋花科 Convolvulaceae

菟丝子属 *Cuscuta*

353 欧洲菟丝子
Cuscuta europaea

一年生寄生草本。茎缠绕，带黄色或带红色，纤细，毛发状，无叶。花序侧生，少花或多花密集成团伞花序；花萼杯状，中部以下连合，裂片4～5，有时不等大，三角状卵形；花冠淡红色，壶形，裂片4～5，三角状卵形，通常向外反折，宿存；子房近球形，花柱2。蒴果近球形。生山坡或沟边灌丛、草丛或田边；海拔2800～3600米。产察雅、米林、吉隆；西北、东北和西南；欧洲、北非、西亚及美洲。

四十三、茄科 Solanaceae

山莨菪属 *Anisodus*

354 山莨菪
Anisodus tanguticus

多年生草本；高达1米。茎无毛或被微柔毛。叶长圆形、窄长圆状卵形或披针形，长8～20厘米，先端稍骤尖或渐尖，基部楔形或下延，全缘或具1～3对粗齿及啮蚀状细齿；花常单生于枝腋，俯垂；花萼钟状或漏斗状钟形，裂片宽三角形；花冠钟状或漏斗状钟形，紫色或暗紫色，裂片半圆形。果球形或近卵圆形。花期5～6月，果期7～8月。生山坡灌丛、草地、住宅、田边；海拔2700～4600米。产芒康、江达、昌都、索县、米林、拉萨、南木林、定日、聂拉木、仁布；青海、甘肃、四川、云南。

马尿泡属 *Przewalskia*

355 马尿脬　马尿泡
Przewalskia tangutica

多年生草本；高20～35厘米。有腺毛。叶生于茎下部者鳞片状，常埋于地下，生于茎顶端者密集生，铲形、长椭圆状卵形至长椭圆状倒卵形，通常连叶柄长10～15厘米，宽3～4厘米，顶端圆钝，基部渐狭，边缘全缘或微波状。花1～3朵生于叶腋；花萼筒状钟形；花冠檐部黄色，筒部紫色，筒状漏斗形，檐部5浅裂；雄蕊插生于花冠喉部；花柱柱头膨大，紫色。蒴果球状，果萼椭圆状或卵状。花期6～7月。生高山的砂砾地及干旱草原；海拔3200～5200米。产江达、朗县、加查、拉萨、尼木、聂拉木、萨噶、仲巴、索县、嘉黎、洛隆、那曲、班戈；青海、甘肃、四川。

四十四、车前科 Plantaginaceae

车前属 *Plantago*

356 平车前
Plantago depressa

一年生或二年生草本。叶基生呈莲座状，纸质，椭圆形、椭圆状披针形或卵状披针形，长3～12厘米，先端急尖或微钝，边缘具浅波状钝齿、不规则锯齿或牙齿，脉5～7条。穗状花序3～10个，上部密集，基部常间断；萼片龙骨突宽厚；花冠白色，花冠筒等长或稍长于萼片，花后反折。蒴果卵状椭圆形或圆锥状卵形，于基部上方周裂。花期5～7月，果期7～9月。生山坡草地或灌丛下、盐生沼泽、河滩草地及路边；海拔3400～4500米。产丁青、昌都、左贡、八宿、芒康、拉萨、江孜、亚东、吉隆、普兰；全国各地；蒙古、日本、印度。

柳穿鱼属 *Linaria*

357 宽叶柳穿鱼
Linaria thibetica

多年生草本；高达1米。叶互生，无柄，长椭圆形或卵状椭圆形，长2～5厘米，具3～5脉，无毛。穗状花序顶生，花多而密集，果期伸长达12厘米；花萼裂片线状披针形；花冠淡紫色或黄色，上下唇近等长，下唇裂片卵形，先端钝尖，距长5～6毫米，稍弓曲。蒴果卵球状。花期7～9月。生山坡草地、林缘和疏灌丛中；海拔2500～4000米。产林芝、比如以东各地；云南、四川。

婆婆纳属 *Veronica*

358 长果婆婆纳
Veronica ciliata

植株高10～30厘米。茎丛生，上升，不分枝或基部分枝。叶片卵形至卵状披针形，长1.5～3.5厘米，宽0.5～2厘米，两端急尖，全缘或中段有尖锯齿或整个边缘具尖锯齿。总状花序1～4支，侧生于茎顶端叶腋，短而花密集；花萼裂片条状披针形，花期长3～4毫米，果期稍伸长；花冠蓝色或蓝紫色，筒部短，裂片倒卵圆形至长矩圆形。蒴果卵状锥形，狭长，顶端钝而微凹。花期6～8月。生高山草地。产那曲；西北部及四川、内蒙古；克什米尔至印度、蒙古。

359 唐古拉婆婆纳
Veronica vandellioides

植株高达25厘米。茎多支丛生，稀单生，上升或多少蔓生。叶卵圆形，长0.7～2厘米，先端钝，基部心形或平截，每边具2～5圆齿。总状花序多支，侧生茎上部叶腋或几乎所有叶腋，退化为只具单花或2朵花；花萼裂片长椭圆形；花冠浅蓝色、粉红色或白色，稍比花萼长，裂片圆形或卵形；雄蕊稍短于花冠。蒴果近倒心状肾形，具宿存花柱。花期7～8月。生草甸和河漫滩中；海拔3800～4400米。产南木林、类乌齐；分布于青海、甘肃、陕西、四川。

杉叶藻属 *Hippuris*

360 杉叶藻
Hippuris vulgaris

多年生水生草本。全株光滑无毛。茎直立，多节，常带紫红色，高8～150厘米，上部不分枝，下部合轴分枝。叶轮生，线形，质软，全缘，具1脉，长1～2.5厘米，宽1～2毫米，钝头，水平着生，生于水中的常较长。花细小，两性，稀单性，无梗，单生叶腋；萼与子房大部分合生成卵状椭圆形，萼全缘，常带紫色；无花盘；雄蕊1，生于子房上略偏一侧；花药红色；子房下位，椭圆形。果为小坚果状，卵状椭圆形。花期4～9月，果期5～10月。生沼泽，水塘、湖滨、溪流渠沟中；海拔3000～4950米。产日土、普兰、定结、南木林、拉萨、米林、错那、嘉黎、八宿、察隅；西南、西北至东北各地；全世界有分布。

水马齿属 *Callitriche*

361 沼生水马齿
Callitriche palustris

一年生草本；高达40厘米。茎纤细，多分枝。叶对生，在茎顶常密集排列成莲座状，浮于水面，倒卵形或倒卵状匙形，长4～6毫米，先端圆或微钝，基部渐窄，两面疏生褐色细小斑点，叶脉3；沉于水中的茎生叶匙形或线形，长0.6～1.2厘米。花单性同株，单生叶腋；子房倒卵状。果倒卵状椭圆形，上部边缘具窄翅。生沼泽地；海拔3300～3800米。产类乌齐、吉隆；东北、华东至西南各地；欧、亚及北美洲温带地区。

兔耳草属 *Lagotis*

362 短穗兔耳草
Lagotis brachystachya

多年生矮小草本；高达8厘米。匍匐茎带紫红色，长达30厘米以上。叶全基出，莲座状；叶宽线形或披针形，长2～7厘米，全缘；花草多数，直立或倾卧，较叶低；穗状花序长约1厘米，花密集；花萼后方裂至1/3以下成2裂片；花冠白色、微粉红色或紫色，花冠筒直伸，上唇全缘，下唇2裂；花柱伸出花冠。果卵圆形，红色。花果期5～8月。生高山草原、雪山沟谷、河滩、湖边草地；海拔3900～5150米。产昌都、八宿、左贡、林周、申札、班戈、双湖、措勤、那曲、索县、康马、吉隆、定日；青海、甘肃、四川。

363 全缘兔耳草 *Lagotis integra*

多年生草本；高达30（～50）厘米。基生叶4～5（～8），卵形或卵状披针形，长4～11厘米，先端渐尖或钝，基部楔形，全缘或疏生不规则细齿；茎生叶3～4（～11），与基生叶同形，甚小。穗状花序长5～15厘米；花萼佛焰苞状，后方顶端2齿裂；花冠浅黄色或绿白色，稀紫色，长5～6（～8）毫米，花冠筒前曲，较唇长，上唇椭圆形，全缘或先端微缺，下唇2裂，裂片披针形；花柱内藏。核果圆锥形，黑色。花果期6～8月。生高山草地、山顶石缝中、流石坡、针叶林下；海拔4200～5200米。产普兰、定日、申札、加查、类乌齐及昌都；云南、四川及青海。

364 圆穗兔耳草 *Lagotis ramalana*

多年生矮小草本；高达8厘米。叶3～6，全基生，卵形，与叶柄近等长，先端圆钝，基部宽楔形，具圆齿。花莛2至数条，稍较叶长。穗状花序卵球形，长1.5～2厘米；苞片倒卵形或匙形；花萼裂片2，披针形，比苞片短；花冠蓝紫色，花冠筒直伸，上唇卵形，先端微凹或平截，下唇2裂，裂片长椭圆形；花柱较花冠稍短。果椭圆形。花果期5～8月。生高山草地冰河流水坡；海拔5300米。产那曲；青海、甘肃及四川；不丹。

四十五、玄参科 Scrophulariaceae

藏玄参属 *Oreosolen*

365 藏玄参 *Oreosolen wattii*

多年生矮小草本；高达5厘米。叶对生，在茎顶端集成莲座状，心形、扇形或卵形，长2～5厘米，边缘具不规则缺齿，网纹强烈凹陷，基出掌状脉5～9。花数朵簇生叶腋；花萼5裂几达基部，萼片线状披针形；花冠黄色，具长筒，檐部二唇形，上唇2裂，裂片卵圆形，下唇3裂，裂片倒卵形，上唇长于下唇。蒴果卵圆形。花期6月，果期8月。生高山草地、河滩、旱化草甸中；海拔4500～5000米。产萨迦、仁布、聂拉木、定结、亚东、安多、索县；青海；尼泊尔、印度、不丹。

玄参属 *Scrophularia*

366 齿叶玄参 *Scrophularia dentata*

半灌木状草本，通常干后变黑；高20～40厘米。叶片狭矩圆形或卵状矩圆形，长1.5～5厘米，疏具浅齿、羽状浅裂至深裂，稀全缘，裂片下部可疏具浅齿，基部渐狭或楔形。顶生稀疏而狭的圆锥花序长5～20厘米，聚伞花序有花1～3朵；花萼裂片近圆形至圆椭圆形；花冠紫红色，上唇色较深，花冠筒球状筒形，上唇裂片扁圆形，下唇侧裂片长仅及上唇之半。蒴果尖卵形，具短喙。花期5～10月，果期8～11月。生河滩、石砾地灌丛草坡；海拔3700～4600米。产类乌齐、丁青、比如、索县、左贡、拉萨、尼木、仁布、南木林、萨迦、吉隆、札达、革吉；青海；印度、巴基斯坦。

四十六、紫葳科 Bignoniaceae

角蒿属 *Incarvillea*

367 密生波罗花 *Incarvillea compacta*

多年生草本；高达20（～30）厘米。一回羽状复叶，聚生茎基部，长8～15厘米；小叶2～6对，卵形，长2～3.5厘米，先端渐尖，基部圆，顶生小叶近卵圆形，全缘。总状花序密集，聚生茎顶，1至多花生于叶腋；花萼钟状，绿色或紫色，具深紫色斑点，萼齿三角形；花冠红色或紫红色，花冠筒外面紫色，具黑色斑点，内面具少数紫色条纹，裂片圆形，先端微凹。蒴果长披针形，具4棱。花期5～7月，果期8～12月。生草坡；海拔3300～4900米。产拉萨、安多、加查、墨脱、昌都、江达、洛隆、芒康、左贡；云南、四川、甘肃。

368 藏波罗花 *Incarvillea younghusbandii*

矮小宿根草本；高10～20厘米。无茎。叶基生，平铺于地上，为一回羽状复叶；顶端小叶卵圆形至圆形，较大，长及宽为3～7厘米，顶端圆或钝，基部心形，侧生小叶2～5对，卵状椭圆形，有钝齿，近无柄。花单生或3～6朵着生于叶腋中抽出缩短的总梗上；花萼钟状，萼齿5，不等大；花冠细长，漏斗状，花冠筒橘红色，花冠裂片开展，圆形。雌蕊的花柱远伸于花冠之外，柱头扇形。蒴果近于木质，弯曲或新月形，具四棱，顶端锐尖。花期5～8月，果期8～10月。生高山沙质草甸及山坡砾石垫状灌丛中；海拔3600～5840米。产拉萨、那曲、班戈、索县、比如、仲巴、加里、错那、普兰、定结、聂拉木、定日、改则；青海；尼泊尔。

四十七、唇形科 Labiatae

筋骨草属 *Ajuga*

369 白苞筋骨草 *Ajuga lupulina*

多年生草本。茎沿棱及节被白色长柔毛。叶披针形或菱状卵形，长5～11厘米，先端钝，基部楔形下延，疏生波状圆齿或近全缘，具缘毛。轮伞花序组成穗状花序；苞叶白黄色、白色或绿紫色，卵形或宽卵形；花萼钟形或近漏斗形，萼齿窄三角形；花冠白色、白绿色或白黄色，具紫色斑纹，窄漏斗形，上唇2裂，下唇中裂片窄扇形，先端微缺，侧裂片长圆形。花期7～9月，果期8～10月。生高山草地或陡坡石缝中；海拔3600～4700米。产江达、那曲、安多、察雅、贡觉、昌都、类乌齐、比如、加查、八宿、墨脱；河北、山西、甘肃、青海、四川。

荆芥属 *Nepeta*

370 蓝花荆芥 *Nepeta coerulescens*

多年生草本；高达42厘米。叶披针状长圆形，长2～5厘米，先端尖，基部平截或浅心形，具圆齿状锯齿，两面密被短柔毛，下面密被黄色腺点。轮伞穗状花序卵球形；苞片淡蓝色，线形或线状披针形，具缘毛；花萼上唇3齿，宽三角状披针形，下唇2齿，线状披针形；花冠蓝色，冠檐二唇形，上唇直立，2圆裂，下唇3裂，中裂片大，下垂，倒心形，先端微缺，侧裂片外反，半圆形。小坚果卵形。花期7～8月，果期8～9月。生山坡上或石缝中；海拔3800 ～4800米。产萨噶、南木林、吉隆、普兰、噶尔、申札、那曲、类乌齐、芒康、昌都；甘肃、青海、四川；印度。

371 穗花荆芥
Nepeta laevigata

多年生草本。茎高20～80厘米，被白色短柔毛。叶卵形或三角状卵形，长2.1～6厘米，先端尖，稀钝，基部心形或近平截，具圆齿状锯齿。穗状花序圆筒形，苞片上部淡紫色，线形；花萼管状，萼齿芒状披针形；花冠蓝紫色，上唇深2裂，下唇3裂，中裂片扁圆形，侧裂片为浅圆裂片状。小坚果卵球形。花期7～8月，果期9～11月。生河边、路旁、田边、沟旁、林缘及林下；海拔3000～4200（～4600）米。产察隅、波密、林芝、米林、亚东、昂仁、贡嘎、林周、拉萨、加查、尼木、聂拉木、吉隆、索县、巴青、类乌齐、左贡；四川、云南；阿富汗至尼泊尔。

青兰属 *Dracocephalum*

372 皱叶毛建草
Dracocephalum bullatum

茎1～2个，渐升或近直立，长9～18厘米，红紫色。叶片坚纸质，卵形或椭圆状卵形，先端圆或钝，基部心形，长2.5～5厘米，宽1.8～2.5（～4）厘米，边缘具圆齿。轮伞花序密集，苞片与萼近等长，每侧具3～6齿，齿钝或锐尖；花萼带红紫色；花冠蓝紫色，冠檐二唇形，上唇长约为下唇的1/2，2浅裂，下唇中裂片伸出。生山坡流石滩或石砾草坡上；海拔4000～4800米。产八宿、昌都、丁青、索县；云南。

373 白花枝子花

Dracocephalum heterophyllum

茎高10～15（～30）厘米。茎中下部叶叶片宽卵形至长卵形，长1.3～4厘米，宽0.8～2.3厘米，先端钝或圆形，基部心形，边缘被短睫毛及浅圆齿；茎上部叶变小。轮伞花序生于茎上部叶腋。花萼浅绿色；花冠白色，二唇近等长；雄蕊无毛。花期6～8月。生高山草地或洪积扇上，河滩沙地上；海拔3900～5100米。产札达、噶尔、普兰、日土、申札、聂拉木、仲巴、吉隆、双湖、改则、那曲、班戈、江孜、八宿、左贡、类乌齐、丁青、康马、拉萨、定结、昂仁、萨迦、萨噶、措美、错那；山西、内蒙古、宁夏、甘肃、四川、青海、新疆；俄罗斯。

374 甘青青兰

Dracocephalum tanguticum

多年生草本；高35～55厘米。叶具柄，柄长3～8毫米，叶片轮廓椭圆状卵形或椭圆形，基部宽楔形，长2.6～4（～7.5）厘米，宽1.4～2.5（～4.2）厘米，羽状全裂，裂片2～3对，与中脉成钝角斜展，线形。轮伞花序生于茎顶部，形成间断的穗状花序；花萼常带紫色；花冠紫蓝色至暗紫色，下唇长为上唇的2倍。花期6～8月或8～9月。生干燥河谷的河岸、田野、草滩或松林边缘；海拔3000～4600米。产察隅、八宿、加查、乃东、索县、察雅、江达、贡觉、昌都、芒康、洛隆、穹结、丁青、错那、拉萨、林周、康马、尼木、南木林、班戈、吉隆；甘肃、青海、四川。

糙苏属 *Phlomoides*

375 螃蟹甲
Phlomoides younghusbandii

多年生草本；高达20厘米。基生叶披针状长圆形或窄长圆形，长5～9厘米，先端钝或圆，基部心形；茎生叶卵状长圆形或长圆形，长2～3.5厘米，先端圆，基部宽楔形；叶缘均具圆齿。轮伞花序多花，3～5个，苞片刺毛状；花萼管形，萼齿圆；花冠上唇边缘具齿，内面被髯毛，下唇中裂片倒心形，侧裂片卵形。花期7月。生干燥山坡、草甸、灌丛、山坡砂砾地；河滩草地，海拔3100～4800米。产吉隆、仲巴、萨迦、改则、申扎、加查、昂仁、南木林、拉萨、琼结、类乌齐、索县、比如、错那、康马。

独一味属 *Lamiophlomis*

376 独一味
Lamiophlomis rotata

草本；高2.5～10厘米。叶片莲座状，常4枚，辐状两两相对，菱状圆形、菱形、扇形、横肾形以至三角形，长（4～）6～13厘米，宽（4.4～）7～12厘米，先端钝、圆形或急尖，基部浅心形或宽楔形，下延至叶柄，边缘具圆齿，侧脉3～5对。轮伞花序密集排列成有短莛的头状或短穗状花序，有时下部具分枝而呈短圆锥状；苞片披针形、倒披针形或线形；花萼管状，萼齿5，短三角形；花冠淡紫色、红紫色或粉红褐色，冠檐二唇形，上唇边缘具齿牙，下唇3裂，中裂片较大。小坚果倒卵状三棱形。花期6～7月，果期8～9月。生高山强度风化的碎石滩中或石质高山草甸、河滩地；海拔3900～5050米。产错那、江达、类乌齐、昌都、八宿、米林、拉萨、墨脱、察雅、索县、工布江达、亚东、萨噶、昂仁、吉隆、聂拉木、定日、定结、那曲、嘉黎、班戈、申扎、林周、尼木、南木林、白朗；青海、甘肃、四川、云南；尼泊尔、印度、不丹。

鼬瓣花属 *Galeopsis*

377 鼬瓣花
Galeopsis bifida

茎高达1米。茎生叶卵状披针形或披针形，长3～8.5厘米，先端尖或渐尖，具圆齿状锯齿。轮伞花序腋生；萼齿长三角形，具长刺尖；花冠白色或黄色，稀淡紫红色，上唇卵形，具细牙齿，下唇中裂片长圆形，先端微缺，紫纹达边缘，侧裂片长圆形，全缘。小坚果倒卵球状三棱形。花期7～9月，果期9月。生林缘、路旁、田边、灌丛、草地等空旷处；海拔2600～4300米。产昌都、类乌齐、察隅、墨脱、林芝、米林、错那、加查、索县、芒康、察雅、江达、左贡；黑龙江、吉林、内蒙古、山西、陕西、甘肃、青海、湖北、四川、贵州、云南；斯堪的纳维亚半岛南部、中欧各国、俄罗斯、蒙古、朝鲜、日本以及北美洲。

绵参属 *Eriophyton*

378 绵参
Eriophyton wallichii

多年生草本；高达20厘米。茎不分枝，被绵毛。叶菱形或近圆形，长3～4厘米，茎基叶鳞片状。轮伞花序具6花；花萼宽钟形，萼齿5，三角形；花冠淡紫色或粉红色，冠筒内藏，上唇盔状，覆盖下唇，下唇近张开，3裂，中裂片稍大，先端微缺或圆，侧裂片圆形。小坚果宽倒卵球状三棱形。花期7～9月，果期9～10月。生高山强度风化坍积形成的乱石堆中；海拔4500～5300米。产吉隆、聂拉木、拉萨、加查、八宿、墨脱、类乌齐、南木林、申扎、比如、昌都、错那、林周、朗县；云南、四川、青海；尼泊尔、印度、不丹。

鼠尾草属 *Salvia*

379 康定鼠尾草 *Salvia prattii*

多年生草本；高达45厘米。叶多基生，长圆状戟形或卵状心形，长3.5～9.5厘米，先端钝，基部心形或近戟形，具圆齿。轮伞花序具2～6花，组成顶生总状花序；花萼钟形，上唇半圆形，先端具3尖头，下唇与上唇等长，齿三角形；花冠红色或紫色，冠筒伸出，上唇长圆形，稍弧曲，下唇长于上唇，中裂片倒心形，侧裂片卵形。小坚果黄褐色，倒卵球形。花期7～9月。生山坡草地上；海拔3750～4800米。产昌都、类乌齐；四川、青海。

380 黏毛鼠尾草 *Salvia roborowskii*

一年生或二年生草本；高达90厘米。茎多分枝，密被黏腺长硬毛。叶戟形或戟状三角形，长3～8厘米，先端尖或钝，基部浅心形或戟形，具圆齿。轮伞花序具4～6花，组成总状花序；花萼钟形，上唇三角状半圆形，具3短尖头，下唇具2三角形齿；花冠黄色，上唇长圆形，全缘，下唇中裂片倒心形，侧裂片半圆形。小坚果倒卵球形，暗褐色。花期6～8月，果期9～10月。生山坡草地、沟边阴处、山脚山腰；海拔3100～4350米。产墨脱、八宿、加查、贡觉、比如、类乌齐、米林、波密、昌都、林芝、江达、芒康、索县、亚东、错那、墨竹工卡、拉萨、昂仁、吉隆；青海、甘肃、四川及云南；尼泊尔、不丹。

香薷属 *Elsholtzia*

381 密花香薷 *Elsholtzia densa*

草本；高达60厘米。基部多分枝。叶披针形或长圆状披针形，长1～4厘米，基部宽楔形或圆，基部以上具锯齿。穗状花序长2～6厘米，密被紫色念珠状长柔毛；花萼钟形，萼齿近三角形，果萼近球形，齿反折；花冠淡紫色，密被紫色念珠状长柔毛，冠筒漏斗形，上唇先端微缺，下唇中裂片较侧裂片短。小坚果暗褐色，卵球形。花果期7～10月。生山坡及荒地；海拔2700～4500米。产吉隆、拉萨、萨迦、南木林、林周、左贡、乃东、申扎、那曲、亚东、波密、八宿、米林、林芝、错那、墨脱、江孜、昂仁、江达、琼结、察雅、昌都、索县；河北、山西、陕西、甘肃、青海、四川、云南及新疆；阿富汗、巴基斯坦、尼泊尔、印度。

382 毛穗香薷 *Elsholtzia eriostachya*

一年生草本；高15～37厘米。叶长圆形至卵状长圆形，长0.8～4厘米，宽0.4～1.5厘米，先端略钝，基部宽楔形至圆形，边缘具细锯齿或锯齿状圆齿，草质，两面黄绿色，但下面较淡，两面被小长柔毛，侧脉约5对。穗状花序圆柱状；花萼钟形，外面密被淡黄色串珠状长柔毛，萼齿三角形；花冠黄色，冠檐二唇形。小坚果椭圆形，褐色。花果期7～9月。生山坡、草地、沟边、灌丛中、河边沙滩地、倒石坡上；海拔3200～5000米。产聂拉木、八宿、萨噶、南木林、噶尔、加查、类乌齐、错那、尼木、谢通门、曲松、乃东、萨迦、改则；甘肃、四川、云南；尼泊尔、印度。

383 鸡骨柴
Elsholtzia fruticosa

灌木；高达2米。多分枝。叶披针形或椭圆状披针形，长6～13厘米，先端渐尖，基部窄楔形，基部以上具粗锯齿，侧脉6～8对。穗状花序圆柱形，轮伞花序具短梗，多花；苞片披针形或钻形；花萼钟形，萼齿三角状钻形；花冠白色或淡黄色，上唇直伸，先端微缺，下唇中裂片圆形。小坚果褐色，长圆形。花期7～9月，果期10～11月。生山坡、谷侧、开旷草地；海拔3100～3800米。产墨脱、波密、察隅、林芝、米林、加查、朗县、索县、八宿、左贡、昌都、隆子、亚东、聂拉木、吉隆；甘肃、湖北、四川、云南、贵州及广西；尼泊尔、不丹、印度（北部）、克什米尔。

四十八、通泉草科 Mazaceae

肉果草属 *Lancea*

384 肉果草
Lancea tibetica

多年生草本；高达8（～15）厘米。叶6～10，近莲座状，近革质，倒卵形或匙形，长2～7厘米，先端常有小凸尖，基部渐窄成短柄，近全缘。花3～5簇生或成总状花序；花萼革质，萼片钻状三角形；花冠深蓝色或紫色，上唇2深裂，下唇中裂片全缘；果红色或深紫色，卵状球形。花期5～7月，果期7～9月。生山坡、河滩、湖边、林间、山麓及山沟草地；海拔3700～4700米。产札达、班戈、嘉黎、索县、察雅、芒康、类乌齐、江达；青海、甘肃、四川、云南；喜马拉雅山区（克什米尔至印度）。

四十九、列当科 Orobanchaceae

小米草属 *Euphrasia*

385 川藏短腺小米草 *Euphrasia regelii* subsp. *kangtienensis*

一年生草本；高达35厘米。被白色柔毛；下部的楔状卵形，先端钝，每边有2～3枚钝齿；中部的稍大，卵形或卵圆形，长0.5～1.5厘米，基部宽楔形，每边有3～6枚锯齿，锯齿急尖、渐尖或有时为芒状；均被刚毛和短腺毛，腺毛的柄具1（～2）细胞。穗状花序顶生；花萼管状，裂片披针形或钻形；花冠白色，上唇常带紫色，下唇比上唇长，裂片先端凹缺。蒴果长圆状。花期5～9月。生草地；海拔3000～4000米。产南木林以东；四川。

马先蒿属 *Pedicularis*

386 阿拉善马先蒿 *Pedicularis alaschanica*

多年生草本；高达35厘米。基生叶早枯，茎生叶密，下部对生，上部3～4枚轮生；叶披针状长圆形或卵状长圆形，长2.5～3厘米，宽1～1.5厘米，两面近光滑，羽状全裂，裂片7～9对，线形，有细锯齿。花序穗状；花萼膜质，前方开裂，萼齿5，不等；花冠黄色，花冠筒中上部稍前膝曲，上唇近顶端弯转成喙，下唇与上唇近等长，3浅裂，中裂片近菱形，较小。花期6～8月。生灌丛草原、河谷、多石砾与洪积扇上；海拔4100～4850米。产康马、萨迦、索县、申札、班戈、改则、双湖及普兰；青海、甘肃、内蒙古及宁夏。

387 囊盔马先蒿 哀氏马先蒿
Pedicularis elwesii

多年生草本；高达20厘米；基生叶成疏丛，具长柄，叶卵状长圆形或披针状长圆形，长3.5～9.5（～18）厘米，宽1～2.5厘米，羽状深裂，裂片10～20（～30）对，羽状浅裂或半裂，有重锯齿；茎生叶少，有时近对生，较小。总状花序；花萼前方裂至1/2，萼齿3；花冠紫色或浅紫红色，花冠筒直伸，上唇向右偏扭，额部高凸，喙直针转折指向前下方，向下钩曲，顶端2深裂，下唇宽大，中裂片较小，顶端微凹。蒴果长圆状披针形。花期5～8月。生高山草地；海拔3200～5000米。产吉隆、聂拉木、亚东、拉萨、加查、错那、米林、波密、察隅、八宿、洛隆、昌都、类乌齐、察雅及索县；云南至东喜马拉雅山区；不丹、印度至尼泊尔。

388 茸背马先蒿 奥氏马先蒿
Pedicularis oliveriana

多年生草本；高达50厘米。叶基出者早枯，茎生叶叶片长圆状披针形，大者长达4.5厘米，宽15毫米，羽状深裂至全裂，轴有狭翅，裂片5～8对，卵形至披针形，羽状半裂。顶生穗状花序长者达20厘米，所有花轮最终均有间断；萼前方几不裂，齿5枚；花冠暗紫红色，花管伸直，盔在含有雄蕊部分的下面向右扭折，喙细长扭旋为半环状或“S”形。蒴果长卵圆形。花果期6～9月。生林下、灌丛、沟谷及草甸湿润处；海拔2900～4600米。广布于西藏东南部及南部。

389 粗管马先蒿
Pedicularis latituba

低矮草本；高（含花）仅10厘米。叶基生与茎生，常成密丛，长1～2厘米，叶片披针状长圆形，边羽状深裂至几乎全裂，裂片5～11对，三角状卵形至卵形。花腋生，在主茎上者互生而密集，在侧茎上者仅生顶端而有时假对生；萼多少管状，齿3枚或偶有2枚；花冠紫红色，管长3～4.5厘米，盔额多少有鸡冠状凸起，喙向前下方成多少半环状，端2浅裂，下唇宽甚过于长。产昌都（西部）；四川。

390 大唇拟鼻花马先蒿　大拟鼻花马先蒿
Pedicularis rhinanthoides subsp. *labellata*

多年生草本；高4～30厘米。叶基生者常成密丛，叶片线状长圆形，羽状全裂，裂片9～12对，卵形。花成顶生的亚头状总状花序或多少伸长；萼卵形，管前方开裂至一半，齿5枚；花冠玫瑰色，管几长于萼1倍，大部伸直，在近端处稍稍变粗而微向前弯，盔直立部分较管为粗，继管端而与其同指向前上方，上端多少作膝状屈曲向前成为含有雄蕊的部分，前方很快就狭细成为“S”形卷曲之喙，下唇基部宽心脏形，伸至管的后方，裂片圆形，侧裂大于中裂1倍。蒴果披针状卵形。花期7～8月。生河滩沼泽、山谷潮湿处及五花草甸；海拔3500～5000米。产南木林、拉萨、江孜、穷结、朗县、泽当、工布江达、错那、林芝、江达、察雅、类乌齐、八宿、比如、索县、聂荣、安多；河北、山西、陕西、甘肃、青海、四川、云南及西喜马拉雅山区。

391 东俄洛马先蒿
Pedicularis tongolensis

高30～60厘米。根垂直向下。茎直立，不分枝，有长毛，至顶部密生叶；叶披针状线形，长5～7厘米，密生缺刻状裂片，裂片有尖锐的缺刻状齿。花排列为不密的穗状花序；萼有粗脉，5齿，齿全缘，卵状披针形；花冠黄色，管比萼长两倍，盔弯曲，背部无毛，两侧卵形凸出，边有稠密红毛；喙弯曲，约等于盔的宽度；下唇几不比盔短，2裂。产四川（西部）。西藏新分布。

392 甘肃马先蒿
Pedicularis kansuensis

一年生或二年生草本；高达40厘米。基生叶柄较长，有密毛；茎叶4枚轮生；叶长圆形，长达3厘米，宽1.4厘米，羽状全裂，裂片约10对，披针形，羽状深裂，小裂片具锯齿。花序长25（30）厘米，花轮生；花萼近球形，膜质，萼齿5，三角形，有锯齿；花冠紫红色，冠筒近基部膝曲，上唇稍镰状弓曲，额部高凸，具有波状齿的鸡冠状凸起，下唇长于上唇，裂片圆形，中裂片较小，基部窄缩。蒴果斜卵形。花期6～8月。生山坡草地、河谷、云杉林下或灌丛中；海拔2500～4600米。产丁青、索县、巴青、江达、贡觉、类乌齐、八宿、察隅、拉萨、昌都、工布江达；甘肃、青海、四川；尼泊尔。

393 管状长花马先蒿
Pedicularis longiflora var. *tubiformis*

一年生草本；高达18厘米。叶披针形或窄长圆形，羽状浅裂或深裂，裂片5～9对，有重锯齿。花腋生；花萼筒长，前方裂约2/5，萼齿2，掌状开裂；花冠黄色，长4～6厘米，冠筒被毛，上唇上端转向前上方，前端具细喙成半环状卷曲，喙端指向花冠喉部，下唇宽大于长，近喉部有2棕红色斑点，3裂片先端均凹下。蒴果披针形。花期5～10月。生高山草甸及溪流两旁等处；海拔2700～5300米。产西藏昌都市以西地区；自云南西北部与四川西部经东喜马拉雅至西喜马拉雅。

394 聚花马先蒿
Pedicularis confertiflora

一年生草本；高5～25厘米。叶基生者丛生，柄长达3厘米，早枯死；茎生叶对生，常1～2对，近无柄，卵状长圆形，长5～15毫米，羽状全裂，裂片5～7对，有缺刻状常反卷的锯齿。花少数，聚生于茎端；萼齿5枚，三角状针形；花冠红色，管约长于萼2倍，盔直立部分高约3毫米，喙细长伸直指向前下方，下唇中裂端作明显的兜状。花期6～8月。生山坡灌丛及草地；海拔3600～4600米。产亚东、聂拉木、吉隆；云南、四川西南至东喜马拉雅山区；尼泊尔。

395 绒舌马先蒿
Pedicularis lachnoglossa

多年生草本。茎直立，高19～39厘米。叶片披针状长圆形，长2～7厘米，宽达3厘米，近基的半部羽状全裂，远基的一半常为羽状深裂，裂片自身亦为羽状深裂或具缺刻状齿。花序总状，花疏松；萼与花冠同为美丽的紫红色，有明显之网脉，齿三角形全缘；花冠紫红色；筒部约3毫米；盔瓣强烈弯曲，先端具几个深紫色点；下唇先端钝裂。花期7～8月，果期9月。生高山草地中；海拔约3600米。产四川康定附近。西藏新分布。

396 丽江马先蒿
Pedicularis likiangensis

多年生草本；高9～18厘米，偶有极低的植株仅高4厘米。基生叶茂密宿存，扁平，叶片卵状长圆形，长5～10毫米，羽状全裂，裂片4～6对，卵形，有羽状重锯齿；茎生叶4枚轮生，仅1～2轮，与基出叶相似，但柄较短，而叶片较大。花序短总状，仅1～2轮，花萼卵圆筒形，前方浅裂，齿5，狭倒卵形，端有不明显的齿；花冠红色，长14～16毫米，管在萼端几以直角向前膝屈，盔额端微圆，下唇较盔约长1倍，边缘均有不整齐的啮痕状齿而无缘毛，花丝前方1对有毛。蒴果卵状披针形，有突尖。花果期8月。生高山草甸；海拔3200～4600米。产波密；云南（西北部）及四川（西南部）。

397 轮叶马先蒿
Pedicularis verticillata

多年生草本；高达35厘米。基生叶柄长达3厘米，叶长圆形或线状披针形，长2.5～3厘米，羽状深裂或全裂，裂片有缺刻状齿；茎叶常4枚轮生，叶较短宽。花序总状，花轮生；花萼球状卵圆形，常红色，前方深开裂，萼齿小；花冠紫红色，冠筒近基部直角前曲，由萼裂口中伸出，上唇略镰状弓曲，额部圆，下缘端微有凸尖；下唇与上唇近等长。蒴果披针形。花期7～8月。生山坡草地、林间灌丛；海拔3700～4400米。产那曲、察雅、昌都；广布于北温带较寒地带，北极、欧亚大陆北部及北美洲西北部，东亚分布于蒙古、日本及我国东北、内蒙古与河北等处，向西至四川北部及西部。

398 草甸马先蒿
Pedicularis roylei

多年生草本；高达15厘米。基生叶成丛，具长柄；茎生叶3～4枚轮生；叶披针状长圆形或卵状长圆形，长2.5～4厘米，羽状深裂，裂片7～12对，有缺刻状锯齿。总状花序，2～4花轮生；花萼钟状，萼齿5，不等；花冠紫红色，花冠筒近基部向前膝曲，上唇略镰状，额部有窄鸡冠状凸起，下唇中裂片近圆形。蒴果卵状披针形。花期7～8月，果期8～9月。生高山湿草甸中；海拔3700～4500米。产昌都市南部；云南、四川；自我国西南至西喜马拉雅。

399 毛盔马先蒿
Pedicularis trichoglossa

多年生草本；高达60厘米。叶无柄，抱茎，线状披针形，长2～7厘米，宽0.3～1.5厘米，羽状浅裂或深裂，裂片20～25对，有重锯齿。花序总状，轴被密毛；萼密生黑紫色长毛，齿5枚；花冠黑紫红色，花冠筒近基部弓曲，花前俯，上唇背部密被紫红色长毛，喙细长转向后方，无毛，下唇宽大于长，3裂，中裂片圆形，侧裂近肾形，与中裂片两侧稍迭置；花柱稍伸出喙端。果宽卵形。花期7～9月。生高山草地、灌丛草甸、流石滩与疏林中；海拔3500～5000米。产聂拉木、亚东、加查、波密、米林、林芝、察隅、江达、昌都、比如及索县；青海、四川、云南；尼泊尔至印度（西北部）。

400 美丽马先蒿
Pedicularis bella

一年生草本；高（含花）约8厘米，丛生。叶集生基部，柄长0.5～2厘米，膜质，基部鞘状，叶卵状披针形，长1～1.5厘米，羽状浅裂，裂片3～9对，密生白色长毛。花腋生；花萼长1.2～1.5厘米，密被白毛，前方裂至1/3，萼齿5；花冠深玫瑰紫色，花冠筒色较浅，上唇稍镰状弓曲，喙细，多少卷曲，下唇两侧稍包上唇，中裂片小于侧裂片，顶端圆。蒴果斜长圆形。花期6～7月。生潮湿草地、草甸及灌丛中；海拔4200～4900米。产亚东、错那、加查、朗县、米林；不丹、印度。

401 南方青藏马先蒿　南方普氏马先蒿
Pedicularis przewalskii subsp. *australis*

多年生低矮草本；高（含花）仅6～12厘米。叶片披针状线形，长1.5厘米，宽5毫米，质极厚，中脉极宽而明显，边缘羽状浅裂成圆齿，多达9～30对，缘常强烈反卷。花序在小植株中仅含3～4花，在大植株中可达20以上；萼瓶状卵圆形，管口缩小，前方开裂至2/5，齿挤聚后方，5枚；花冠紫红色，盔强壮，向上渐宽，几以直角转折成为膨大的含有雄蕊部分，额高凸，前方急细为指向前下方的细喙，喙端深2裂，下唇深3裂，中裂圆形有凹头，侧裂卵形。蒴果斜长圆形。花期6～7月。生高山草地、雪地；海拔4300～5300米。产南木林、拉萨、八宿；云南。

402 欧亚马先蒿　广布马先蒿
Pedicularis oederi

多年生草本；高达10（～15）厘米。茎花莛状，常被绵毛。叶多基生，成丛宿存，柄长达5厘米，叶线状披针形或线形，长1.5～7厘米，羽状全裂，裂片10～20对，有锯齿，茎生叶1～2枚，较小。花序顶生；花萼窄圆筒形，萼齿5；花冠黄白色，上唇顶端紫黑色，有时下唇及上唇下部有紫斑，冠筒近端稍前曲，花前俯，上唇长7～9毫米，额部前端稍三角形凸出，下唇宽大于长，中裂片小，凸出。蒴果长卵形或卵状披针形。花果期6～9月。生高山沼泽草甸和森林湖边、谷地；海拔4500～5350米。产噶尔、札达、普兰、仲巴、聂拉木；新疆；欧、亚、美的北极地区，在欧洲南下至阿尔卑斯山，在亚洲则南下至喜马拉雅山区，在北极地区，生长于海拔极低的冻原湿处及小山上。

403 琴盔马先蒿
Pedicularis lyrata

一年生草本；高2～6厘米。叶对生，叶片多少长圆状披针形或卵状长圆形，顶端钝，长0.5～1.5厘米，宽0.2～6毫米，边缘有大圆齿，齿上有时有重齿。总状花序顶生，花少；萼管状，前方不开裂，萼齿5枚；花冠黄色，较窄而小，花管直伸，与萼近于等长，喉部被短柔毛，盔长约11毫米，中部略镰形弯曲，额圆凸，前方垂直向下，下唇比盔短1/2，3裂，裂片圆形，中裂向前凸出一半，侧裂较小。蒴果斜披针状卵形。花期7～8月，果期9月。生高山草地、草甸、土洼及河流旁；海拔3650～4200米。产亚东、类乌齐；自青海（祁连山）、四川西部至东喜马拉雅山区有分布。

404 全叶马先蒿
Pedicularis integrifolia

多年生草本；高达7厘米。基生叶丛生，柄长3～5厘米，叶窄长圆状披针形，长3～5厘米，宽5毫米；茎生叶2，4对，无柄，叶窄长圆形，长1.3～1.5厘米，宽0.8厘米，有波状圆齿。花轮聚生茎端；花萼筒状钟形，萼齿5；花冠深紫色，花冠筒直伸，上唇直角转折，喙“S”形弯曲，端钝而全缘，下唇中裂片近圆形，较侧裂片小约1倍，两侧不迭置于侧裂之下。蒴果扁卵圆形。花期6～7月。生高山石砾草原中；海拔4000米上下。分布自我国青海经西藏昌都市西部与以西地区至东喜马拉雅。

405 柔毛马先蒿 *Pedicularis mollis*

一年生草本。被长柔毛；茎直立，多叶。茎叶3～5枚轮生，下部叶有短柄；叶线状披针形，长3～5厘米，宽0.8～1厘米，羽状全裂，裂片10～15对，披针形，羽裂，具齿。花序长总状；花萼多毛，萼齿5，具锯齿；花冠红色，冠筒近端弓曲，上唇直伸，细长，略三角形，下唇较上唇短，伸张，有2折襞，裂片圆形，相等，缘有毛。蒴果卵状披针形。花期7～9月。生多石砾的草原、河谷沙滩、灌丛林下及林缘；海拔3100～4600米。产林芝、米林、隆子、错那、浪卡子、江孜、拉萨、南木林、亚东、吉隆、普兰等地；喜马拉雅山东起锡金，西达克什米尔均有分布。

406 四川马先蒿 *Pedicularis szetschuanica*

一年生草本；通常高（10）20（～30）厘米。叶片长卵形经由卵状长圆形至长圆状披针形，长0.4～3厘米，宽2.5～10毫米，羽状浅裂至半裂，裂片5～11枚，多少卵形至倒卵形。花序穗状而密，或有1～2花轮远隔；萼膜质，无色或有时有红色斑点，齿5枚，绿色，或常有紫红色晕；花冠紫红色，管在基部以上向前膝屈，下唇基部圆形，侧裂斜圆卵形，中裂圆卵形；柱头多少伸出。花期7月。生高山草地、云杉林、水流旁及溪流岩石上；海拔3380～4450米。产昌都；四川、青海、甘肃。

407 碎米蕨叶马先蒿
Pedicularis cheilanthifolia

多年生草本；高达30厘米。基生叶丛生；茎叶4枚轮生，叶线状披针形，长0.75～4厘米，宽2.5～8毫米，羽状全裂，裂片8～12对，羽状浅裂，有重锯齿。花序亚头状；花萼长圆状钟形，前方裂至1/3，萼齿5，不等；花冠紫红色或白色，冠筒初直伸，后近基部几以直角向前膝曲，上唇额部不圆凸，镰状弓曲，喙不明显或短圆锥形。蒴果披针状三角形。花期6～8月，果期7～9月。生草坡及林地；海拔4900米。产西藏（北部）；甘肃、青海、新疆等地。

408 团花马先蒿
Pedicularis sphaerantha

低矮或稍升高，高4～10厘米。基生和茎下部者具较长的叶柄，叶片椭圆形至长圆形，长1～2厘米，宽5～8毫米，羽状全裂，裂片5～7对，长圆形，自身亦为羽状分裂，裂片有齿，茎生叶3～4枚轮生，叶轮2～3枚。花序密集成团；萼管部透明膜质，齿5枚；花冠红色而盔色较深，管较萼长，伸直，盔近端处有1对高凸的圆耳状物，喙细长。花期7～8月。生沼泽草地、山坡草地；海拔3900～4800米。产米林、墨竹工卡与工布江达之间及昌都东部。

409 中国马先蒿
Pedicularis chinensis

一年生草本。高达30厘米。叶披针状长圆形或线状长圆形，长达7厘米，羽状浅裂或半裂，裂片7～13对，卵形，有重锯齿。花序长总状；花萼管状，有时具紫斑，前方约裂2/5，萼齿2，叶状；花冠黄色，冠筒长4.5～5厘米，上唇上端渐弯，喙细，半环状，下唇宽大于长近2倍，中裂片较小，顶部平截或微圆。蒴果长圆状披针形。生高山草地；海拔1700～3450米。产工布江达；青海、甘肃、山西与河北。

410 皱褶马先蒿
Pedicularis plicata

多年生草本；高达20余厘米；基出叶线状披针形，长1～3厘米，羽状深裂或近全裂，裂片6～12对，羽状浅裂或半裂，有锯齿，幼时疏被毛；茎生叶常4枚轮生，1～2轮，与基出叶同形而较小。穗状花序，花轮生；花萼前方开裂近1/2，萼齿5，不等，有锯齿；花冠黄色，冠筒近基部弓曲，自萼裂口伸出，花前俯，上唇粗壮，微镰状弓曲，顶端圆钝，略方形，前缘有内褶，下唇中裂片前伸。花期7～8月。生山坡草地，杜鹃灌丛中；海拔3800～5044米。产丁青、类乌齐及江达；青海、甘肃及四川。

五十、桔梗科 Campanulaceae

蓝钟花属 *Cyananthus*

411 蓝钟花
Cyananthus hookeri

一年生矮小草本。叶互生，花下数枚常聚集呈总苞状，菱形、菱状三角形或卵形，长3～7毫米，先端钝，基部宽楔形，突然变窄成叶柄，边缘有少数钝齿，稀全缘，两面被疏柔毛。花单生茎和分枝顶端；花萼卵圆状，外面密生淡褐黄色柔毛或无毛，裂片（3～）4（～5），三角形；花冠紫蓝色，筒状，内面喉部密生柔毛，裂片（3～）4（～5），倒卵状长圆形。蒴果卵圆形。花期8～9月。生山坡草地、路旁或沟边；海拔2700～4700米。产南木林、隆子、索县、比如、巴青、墨竹工卡；云南、四川、青海和甘肃；尼泊尔、印度。

412 灰毛蓝钟花
Cyananthus incanus

多年生草本。叶互生，花下4或5枚叶聚集呈轮生状，卵状椭圆形，长4～7（～8）毫米，边缘反卷，有波状浅齿或近全缘，基部楔形，有短柄。花单生主茎和分枝顶端；花萼短筒状，稍下窄上宽，果期下宽上窄，萼裂片三角形；花冠蓝紫色或深蓝色，内面喉部密生柔毛，裂片倒卵状长圆形。花期8～9月。生高山草地、灌丛间草地、林下、路旁和河滩草地；海拔3100～5350米。产亚东、南木林、错那、索县、察隅、芒康；云南、四川、青海；尼泊尔、印度、不丹。

413 大萼蓝钟花
Cyananthus macrocalyx

多年生草本。叶互生，由茎下部的叶至上部的叶渐次增大，花下4或5叶聚集呈轮生状，菱形、近圆形或匙形，长5～7毫米，长稍大于宽，边缘反卷，全缘或有波状齿。花单生茎端；花萼管状，黄绿色或带紫色，下部呈球状，裂片长三角形；花冠黄色，有时带紫或红色条纹，有的下部紫色，而超出花萼的部分黄色，筒状钟形，内面喉部密生柔毛，裂片倒卵状线形。坚果椭圆形。花期7～8月。生山地林间、草甸或草坡之中；海拔2500～4600米。产西藏（东南部）；云南、四川、青海和甘肃；印度。

党参属 *Codonopsis*

414 薄叶鸡蛋参　辐冠党参
Codonopsis convolvulacea var. *vinciflora*

草质缠绕藤本；长达1米余。叶片薄，膜质，互生或有时对生，卵形或线状披针形，长2～7厘米，宽0.4～1.5厘米，全缘或具波状钝齿。花单生主茎及侧枝顶端；花萼贴生至子房顶端，裂片上位着生，萼筒倒长圆锥状，裂片窄三角状披针形，全缘；花冠辐状而近5全裂，裂片椭圆形，淡蓝色或蓝紫色。花果期7～10月。生灌丛及草地中；海拔3000～4600米。产波密、米林、林芝、索县、林周、拉萨、南木林；云南、四川。

415 脉花党参 *Codonopsis nervosa*

茎基具多数瘤状茎痕。根常肥大，呈圆柱状，长15～25厘米。主茎直立或上升，能育，长20～30厘米，疏生白色柔毛；侧枝集生于主茎下部，具叶，通常不育。叶宽心状卵形、心形或卵形，长1～1.5厘米。花单朵，极稀数朵，着生茎顶端，使茎呈花莛状，花微下垂；花萼贴生至子房中部，萼筒半球状，裂片卵状披针形；花冠球状钟形，淡蓝白色，内面基部常有红紫色斑，浅裂，裂片圆三角形。花期7～10月。生林缘草地或阴山坡；海拔3500～4500米。产察隅、索县、类乌齐、昌都、江达；青海、甘肃、四川和云南。

416 绿花党参 *Codonopsis viridiflora*

根常肥大呈纺锤状或圆锥状；长10～15厘米。主茎1～3发自一条茎基，近直立，高30～70厘米，侧枝生于主茎近下部，纤细，不育。叶宽卵形、卵形、长圆形或披针形，长1.5～3.5（～5）厘米，边缘疏具波状浅钝锯齿。花1～3朵生于主侧枝顶端；花萼贴生至子房中部，萼筒半球状，裂片卵形或长圆状披针形，边缘疏具波状浅钝锯齿；花冠钟状，黄绿色，仅近基部微带紫色，浅裂，裂片三角形，冠筒径约1.5厘米。蒴果径约1.5厘米。花果期7～10月。生高山草甸及林缘；海拔3000～4000米。产青海、甘肃、宁夏、陕西及四川。西藏新分布。

风铃草属 *Campanula*

417 钻裂风铃草
Campanula aristata

茎高10～50厘米。中上部叶线形，无柄，长（1.5～）2～7厘米。花萼裂片丝状，比花冠长；花冠蓝色或蓝紫色；子房狭长。朔果圆柱状，蒴果圆柱状，下部稍细。花期6～8月。生草地及灌丛中；海拔3500～5000米。产西藏（除西北部外都有）；云南（西北部）、四川（西部和西北部）、青海（南部）、甘肃（南部）和陕西（太白山）；克什米尔至锡金。

沙参属 *Adenophora*

418 喜马拉雅沙参
Adenophora himalayana

根细，常稍加粗，达1厘米。茎常数支发自一条茎基上，不分枝，高达60厘米。基生叶心形或近三角状卵形；茎生叶宽线形，稀窄椭圆形或卵状披针形，长3～12厘米，全缘。单花顶生或数朵花排成假总状花序；萼筒倒圆锥状或倒卵状圆锥形，裂片钻形，全缘，稀有瘤状齿；花冠蓝色或蓝紫色，钟状，裂片卵状三角形；花柱通常稍伸出花冠。蒴果卵状长圆形。花期7～9月。生林下、灌丛中或高草地中；海拔3800～4400米。产普兰、措美、隆子、加查、丁青、类乌齐、贡觉、昌都、江达；西北地区和四川西部、喜马拉雅山地区；中亚地区。

419 川藏沙参 *Adenophora liliifolioides*

茎常单生，不分枝，高达1米。基生叶心形，边缘有粗锯齿，具长柄；茎生叶卵形、披针形或线形，边缘具疏齿或全缘，长2～11厘米，宽0.4～3厘米。花序常有短分枝，组成窄圆锥花序，有时全株仅数朵花；萼筒球状，裂片钻形，全缘，稀具瘤状齿；花冠细小，近筒状或筒状钟形，蓝色、紫蓝色或淡紫色，稀白色；花柱强烈伸出花冠，几乎比花冠长1倍。蒴果卵状或长卵状。花期7～9月。生草地、灌丛和乱石中；海拔2700～4600米。产加查、米林、林芝、波密、索县、比如、昌都、江达、察雅；四川、甘肃、陕西（秦岭）。

五十一、菊科 Compositae

紫菀属 *Aster*

420 拉萨狗娃花 *Aster gouldii*

一年生草本。有直根。茎高10～30厘米。叶宽线形、倒披针形或匙形，长0.7～3.5厘米，基部无柄，全缘，两面被平贴糙伏毛，疏生腺毛。头状花序径1.5～2.5厘米，总苞半球形，总苞片2～3层，近等长，线形或披针形，外层草质，内层有白色膜质边缘；舌状花舌片淡紫色或浅蓝色，管状花黄色，裂片5，不等长。瘦果倒卵圆形。生山坡草地、田边、河滩；海拔2900～5540米。产日喀则、萨迦、江孜、拉萨、扎囊、申扎、加查、米林、林芝、波密；印度。

421 缘毛紫菀 *Aster souliei*

多年生草本。根茎粗壮。高达45厘米。莲座状叶与茎基部叶倒卵圆形、长圆状匙形或倒披针形，长2～7厘米，下部渐窄成具宽翅而抱茎的柄，全缘；下部及上部叶长圆状线形，长1.5～3厘米；叶两面近无毛，或上面近边缘及下面沿脉被疏毛，有白色长缘毛；离基三出脉。头状花序单生茎端，径3～4（～6）厘米；总苞半球形，总苞片约3层，线状稀匙状长圆形，下部革质，上部草质；舌状花蓝紫色，管状花黄色。瘦果卵圆形。花期5～7月，果期8月。生高山针叶林林缘、灌丛中及山坡草地；海拔3000～4500米。产林芝、波密、丁青、拉萨、乃东、错那、察雅、江达、左贡、八宿、洛隆、察隅；云南、四川及甘肃；不丹及缅甸。

422 星舌紫菀 *Aster asteroides*

多年生草本；高2～15厘米，稀达30厘米。茎紫色或下部绿色，被开展的毛和紫色腺毛。基部叶密集，倒卵圆形或长圆形，长1～4厘米，宽0.4～0.8厘米，稀达1.7厘米，近全缘；中部叶长圆形或长圆状匙形，顶端钝或渐尖，上部叶线形；全部叶有离基三出脉。头状花序在茎端单生，径2～3.5厘米；总苞半球形，总苞片2～3层，近等长，线状披针形，顶端渐细尖，草质，紫绿色；舌状花1层，30～60个，舌片蓝紫色；管状花橙黄色。瘦果长圆形。花果期6～8月。生湿润草地或山边沼泽地及高山灌丛；海拔3800～5100米。产普兰、仲巴、萨噶、吉隆、聂拉木、亚东、南木林、松多、昂仁、拉萨、班戈、波密、加查、昌都、八宿；四川、青海；不丹、印度、尼泊尔。

423 萎软紫菀
Aster flaccidus

多年生草本。茎高达30（～40）厘米，被长毛，上部常兼有腺毛。下部叶密集，全缘，稀有少数浅齿；茎生叶3～4，长圆形或长圆状披针形，长3～7厘米，基部半抱茎；上部叶线形。头状花序单生茎端，径3.5～5（～7）厘米；总苞半球形，被长毛或有腺毛，总苞片2层，线状披针形，草质；舌状花40～60，舌片紫色，稀浅红色；管状花黄色，裂片长约1毫米，被黑色或无色短毛。瘦果长圆形。花果期6～11月。生高山及亚高山草地、灌丛及石砾地；海拔3600～5200米。产定日、定结、拉萨、波密、江孜、类乌齐、昌都、革吉等；云南、四川、青海、新疆、甘肃、陕西、华北；印度、尼泊尔。

424 重冠紫菀
Aster diplostephioides

多年生草本。茎高16～40厘米，被柔毛，上部被腺毛，不分枝，基部为枯叶残片所包被；下部叶与莲座状叶长圆状匙形或倒披针形，连柄长6～22厘米，全缘或有小尖头状齿；中部叶长圆状或线状披针形。头状花序单生，径6～9厘米；总苞半球形，总苞片约2层，线状披针形，草质；舌状花常2层，80～100，舌片蓝色或蓝紫色，线形；管状花黄色，开放前上端紫褐色。瘦果倒卵圆形。花期7～9月，果期9～12月。生高山及亚高山草地及灌丛中；海拔2700～4600米。产拉萨、吉隆、聂拉木、亚东、定日、察隅等；云南、四川、青海；印度、克什米尔、尼泊尔、印度、不丹。

425 云南紫菀
Aster yunnanensis

多年生草本。根状茎稍细；茎直立，单生或与莲座状叶丛丛生，高30～40厘米，稀达70厘米。基部叶在花期枯萎，下部叶及莲座状叶长圆形，倒披针状或匙状长圆形，长7～15厘米，宽1.5～3厘米，下部渐狭成具翅而基部鞘状的柄或下部叶无柄，全缘或有小尖头状齿或疏齿，顶端尖或钝；中部叶渐短，长圆形，基部圆形，心形或有圆耳，半抱茎，长10～18厘米，宽2.5～4厘米；上部叶小，卵圆形或线形，尖或渐尖。头状花序径4～8.5厘米，在茎和枝端单生；总苞半球形，总苞片2层，卵圆状或线状披针形，深绿色，下部密生长柔毛，边缘狭膜质；舌状花80～120个；舌片蓝色或淡蓝色；管状花黄色。瘦果长圆形。花果期7～10月。生高山及亚高山草地或灌丛中；海拔3600～4800米。产江达、类乌齐、丁青、巴青、加查、琼结、林周、拉萨；云南、四川、青海、甘肃。

火绒草属 *Leontopodium*

426 矮火绒草
Leontopodium nanum

垫状丛生。基部叶匙形或线状匙形，长0.7～2.5厘米，下部渐窄成短鞘部，边缘平，两面被白色或上面被灰白色长柔毛状密茸毛；苞叶少数，直立，与花序等长。头状花序径0.6～1.3厘米，单生或3个密集；总苞被灰白色棉毛，总苞片4～5层，披针形，深褐色或褐色，超出毛茸。瘦果无毛或多少有粗毛。花期5～6月，果期5～7月。生高山湿润草地或沼泽草甸或石砾坡地；海拔3400～4800米。产芒康、索县、曲水、当雄、定日、聂拉木；四川、青海、甘肃、陕西、新疆；印度（西北部）及克什米尔。

427 黄白火绒草
Leontopodium ochroleucum

多年生草本。根茎有莲座状叶丛和花茎密集成高达15厘米植丛，或花茎单生或与莲座状叶丛簇生。茎极短或高达15厘米，有时无茎，被白色或上部被带黄色长柔毛或茸毛，下部常稍脱毛。叶疏生，苞叶较少，椭圆形或长圆状披针形，两面密被浅黄色柔毛或茸毛，稀被灰白色疏毛或近无毛，形成径1.5～2.5厘米密集苞叶群。头状花序径5～7毫米，少数至15个密集，稀1个；总苞片约3层，被长柔毛，披针形，褐色或深褐色，露出毛茸。瘦果无毛或有乳突或短毛。花期7～8月，果期8～9月。生高山和亚高山湿润或干燥草地；海拔2300～4500米。产西藏（中部、南部及西部）；新疆、青海；蒙古。

428 戟叶火绒草
Leontopodium dedekensii

多年生草本。根茎有簇生花茎和少数不育茎。下部叶密集，上部叶线形，长1～4厘米，基部心形或箭形，抱茎，边缘波状，上面被灰色棉状或绢状毛，下面被白色茸毛，小枝叶被密茸毛；苞叶多数，披针形或线形，两面被白色或灰白色密茸毛，形成径2～7厘米星状苞叶群，或成数个分苞叶群。头状花序径4～5毫米，5～30密集，稀单生；总苞被白色长柔毛状密茸毛，总苞片约3层，先端无毛，超出毛茸。瘦果有乳突或粗毛。花期6～7月。生高山和亚高山针叶林，灌丛和草地；海拔约4000米。产索县、比如、丁青、类乌齐、贡觉、左贡、芒康；四川、云南、贵州、湖南、陕西、甘肃、青海。

429 毛香火绒草
Leontopodium stracheyi

多年生草本。茎高达60厘米。草质或基部稍木质，被浅黄褐色或褐色腺毛，上部被较密腺毛，兼有蛛丝状毛。叶密集；叶卵状披针形或卵状线形，长2～5厘米，边缘平或波状反卷，基部圆或近心形，抱茎，上面被密腺毛，或被蛛丝状毛，下面脉上有腺毛或近无毛，余被灰白色茸毛，脉三出；苞叶多数，卵形或卵状披针形，形成径2～6厘米苞叶群。头状花序径4～5毫米，密集；总苞片2～3层；小花异形，雄花少数。瘦果有乳突或粗毛。花期7～9月。常生于高山或亚高山砾石坡地，沟地灌丛或林缘；海拔3000～4400米。产察隅、林芝、米林、加查、措美、八宿、江达、昌都、索县、类乌齐、拉萨、南木林、林周、吉隆；四川、云南；印度西北部至尼泊尔。

430 弱小火绒草
Leontopodium pusillum

矮小多年生草本。花茎极短，高2～7厘米，细弱，被白色密茸毛，全部有较密的叶。叶匙形或线状匙形，下部叶和莲座状叶长达3厘米，有褐色鞘部，茎中部叶长1～2厘米，边缘平，下部稍窄，无柄，两面被白色或银白色密茸毛，常褶合；苞叶多数，匙形或线状匙形，开展成径1.5～2.5厘米的苞叶群，较花序长或稍长，两面密被白色茸毛。头状花序径5～6毫米，(1～)3～7密集；总苞被白色长柔毛状茸毛，总苞片约3层，超出毛茸。瘦果无毛或稍有乳突。花期7～8月。生高山雪线附近的草滩地、盐湖岸和石砾地；海拔4300～5000米。产西藏南部、中部、东北部(江孜、昂江、打隆、班戈湖、珠穆朗玛峰等)；青海、新疆；印度。

431 银叶火绒草
Leontopodium souliei

多年生草本。茎直立，高6～15厘米，纤细，被白色蛛丝状长柔毛，下部有较密的叶。莲座状叶上面常脱毛，基部鞘状；茎部叶窄线形或舌状线形，长1～4厘米，下部叶无柄，上部叶基部半抱茎，基部被长柔毛；叶两面被毛或下部叶上面疏被银白色绢状茸毛；苞叶多数，较花序长约2倍，线形，两面被银白色长柔毛或白色茸毛，或下面毛茸较薄，密集，开展成径约5厘米的苞叶群，或成复苞叶群。头状花序径5～7毫米，少数密集，或达20个；总苞片约3层，褐色，稍露出毛茸。瘦果被粗毛或无毛。花期7～8月，果期9月。生亚高山或高山草甸或林间草地；海拔3800～4800米。产昌都、八宿、丁青、察隅、林芝、墨脱、加查等；四川、云南、青海及甘肃。

香青属 *Anaphalis*

432 淡黄香青
Anaphalis flavescens

多年生草本。根状茎细长，匍枝有顶生莲座状叶丛。茎高达22厘米，被灰白色蛛丝状棉毛，稀白色厚棉毛。莲座状叶倒披针状长圆形，长1.5～5厘米，下部渐窄成长柄；茎下部及中部叶长圆状披针形或披针形，长2.5～5厘米，基部下延成窄翅；上部叶窄披针形，长1～1.5厘米；叶被灰白色或黄白色蛛丝状棉毛或白色棉毛，离基三出脉。头状花序密集成伞房或复伞房状；总苞宽钟状，总苞片4～5层。瘦果长圆形。花期8～9月，果期9～10。生高山、亚高山草地或林下；海拔3800～5200米。产江达、八宿、那曲、比如、拉萨、林周等；青海、四川、甘肃、陕西。

433 二色香青

Anaphalis bicolor

多年生草本。茎直立，高20～45厘米，被白色、灰白色或黄白色棉毛，杂有头状具柄腺毛。基部有厚茸毛莲座状叶丛，中部和上部叶多少直立或贴茎，线形或长圆状线形，长1.5～4（～7）厘米，宽2～4毫米，先端尖，基部下延成窄翅，被灰白色、白色或黄白色厚棉毛及腺毛。头状花序多数在茎枝端成复伞房花序；苞叶钻状线形；总苞钟状，总苞片5～6层。瘦果长圆形。花期7～10月，果期9～11月。生山坡阶地阳处；海拔3000～3800米。产昌都、贡觉、察隅；四川、云南、青海、甘肃。

434 铃铃香青

Anaphalis hancockii

多年生草本。茎直立，高3～35厘米，被蛛丝状毛及具柄腺毛，上部被蛛丝状绵毛，有疏生的叶。莲座状叶与茎下部叶匙状或线状长圆形，长2～10厘米，基部渐窄成具翅柄或无柄；中部及上部叶直立，线形或线状披针形，稀线状长圆形；叶两面被蛛丝状毛及头状具柄腺毛，边缘被灰白色蛛丝状长毛，离基三出脉。头状花序在茎端密集成复伞房状；总苞宽钟状，总苞片4～5层，外层卵圆形，内层长圆披针形，最内层线形。瘦果长圆形。花期6～8月，果期8～9月。生亚高山草坡或林间草地；海拔3000～4000米。产林芝、工布江达、昌都；四川、甘肃、青海、陕西、山西及河北。

435 木根香青
Anaphalis xylorhiza

多年生草本；高3～7（～17）厘米。被白色或灰白色蛛丝状毛或薄棉毛。叶密生；莲座状叶与茎下部叶匙形、长圆状或线状匙形，长0.5～3厘米，下部渐窄成宽翅状长柄；上部叶直立，倒披针状或线状长圆形，基部稍沿茎下延成短窄翅；叶两面被白色或褐色疏棉毛，基部和上面除边缘外常脱毛露出腺毛，有三出脉，或上部叶单脉。头状花序密集成复伞房状；总苞宽钟状或倒锥状，总苞片约5层，开展，外层卵圆形或卵状椭圆形，被棉毛，内层长圆状披针形，下部褐色或紫褐色，最内层线状长圆形。瘦果长圆状倒卵圆形。花期7～9月，果期8～10月。生高山草地、草原；海拔3800～4800米。产仲巴、萨嘎、吉隆、聂拉木、定日、亚东、南木林、措美、琼结、错那、那曲、班戈、丁青、江达、芒康、贡觉、八宿等；印度、尼泊尔至不丹。

436 尼泊尔香青
Anaphalis nepalensis

多年生草本。茎高5～30厘米。被白色密棉毛，或无茎。下部叶花期生存，与莲座状叶同形，匙形、倒披针形或长圆状披针形，长1～7厘米，基部渐窄；中部叶长圆形或倒披针形，基部稍抱茎，或茎短而无中上部叶；叶两面或下面被白色棉毛及腺毛，有1脉或离基三出脉；头状花序1～6，稀较多疏散伞房状排列；总苞近球状，总苞片8～9层，开展，外层卵圆状披针形，内层披针形，最内层线状披针形。瘦果圆柱形。花期6～9月，果期8～10月。生高山或亚高山草地及林缘；海拔3000～4500米。产聂拉木、错那、波密、墨脱、察隅；云南、四川、甘肃；印度、尼泊尔、不丹。

蚤草属 *Pulicaria*

437 臭蚤草
Pulicaria insignis

多年生草本。茎直立或斜升，高5～25厘米，粗壮。基部叶倒披针形，下部渐窄成长柄；茎部叶长圆形或卵圆状长圆形，全缘，长4～8厘米，基部半抱茎，两面被毡状长贴毛，边缘和叶脉密生长达2毫米粗毛，侧脉4～5对。头状花序径4～6厘米，单生茎端；总苞片多层，线状披针形或线形；舌状花黄色，外面有毛，先端有3齿，花柱分枝线形；两性花管状，裂片卵圆披针形。瘦果近圆柱形。花期7～9月。生山脊岩石上、石砾坡地和草丛中；海拔4000～4600米。产萨嘎、琼结、昂仁、尼木、南木林、拉萨、江孜、隆子、丁青、昌都。

秋英属 *Cosmos*

438 秋英
Cosmos bipinnata

一年生或多年生草本；高达2米。茎无毛或稍被柔毛。叶二回羽状深裂，裂片线形或丝状线形。头状花序单生，径3～6厘米；总苞片外层披针形或线状披针形，近革质，内层椭圆状卵形，膜质；舌状花紫红色、粉红色或白色，舌片椭圆状倒卵形；管状花黄色，上部圆柱形，有披针状裂片。瘦果黑紫色。花期6～8月，果期9～10月。拉萨、林芝庭院常栽培，或逸为野生；原产美洲墨西哥。

菊蒿属 *Tanacetum*

439 川西小黄菊
Tanacetum tatsienense

多年生草本；高7～25厘米。茎被弯曲长单毛。基生叶椭圆形或长椭圆形，长1.5～7厘米，二回羽状分裂，一、二回全裂，一回侧裂片5～15对，二回掌状或掌式羽状分裂，小侧裂片线形。头状花序单生茎顶；总苞片约4层，外层线状披针形，中内层长披针形或宽线形；舌状花橘黄色或微带橘红色，舌片线形或宽线形，先端3齿裂。瘦果有5～8条椭圆形纵肋。花果期7～9月。生高山草甸；海拔4800～5200米。产拉萨、林芝、丁青、昌都；青海、四川、云南。

女蒿属 *Hippolytia*

440 合头女蒿
Hippolytia syncalathiformis

无茎多年生草本。根直深。叶多数，集中在团伞花序下部，全形长卵形、椭圆形或长椭圆形，长1～1.5厘米，宽0.5～0.8厘米，二回羽状分裂，一回侧裂片2～4对；末回裂片长椭圆形或椭圆状披针形，两面被稠密顺向细柔毛，但上面常稀毛。头状花序多数（达15个）在根头顶端排列成直径达3.5厘米的半球状团伞花序；总苞楔钟状。花期9月。生高山草甸；海拔4500～5400米。产拉萨及加查。

亚菊属 *Ajania*

441 紫花亚菊
Ajania purpurea

小半灌木；高4～25厘米。叶全形椭圆形或偏斜椭圆形，长1～2厘米，宽0.8～1.5厘米，掌状3～5或掌式羽状3～5半裂或浅裂，下部裂片全缘，上部裂片或顶裂片通常3齿；全部裂片或裂片边缘锯齿顶端圆钝；有时叶呈二回掌式或掌式羽状分裂；枝条下部叶小，间或3裂。头状花序少数（5～10个）在枝端排成直径1.5～2厘米的伞房花序，或花序梗极短缩而形成复头状花序式；总苞钟状，全部苞片边缘紫黑色膜质；全部花冠中部以上紫红色。花果期8～10月。生高山砾石堆、高山草甸及灌丛中；海拔4800～5300米。产南木林、拉萨、加查、隆子、林芝。

442 西藏亚菊
Ajania tibetica

小半灌木；高4～20厘米。全部叶两面同色，灰白色，被稠密短绒毛；叶全椭圆形、倒披针形，长1～2厘米，宽0.7～1.5厘米，二回羽状分裂，一回为全裂或几全裂，一回侧裂片2对；二回为浅裂或深裂，二回裂片2～4个，通常集中在一回裂片的顶端；末回裂片长椭圆形，接花序下部的叶羽裂。头状花序少数，在枝端排成直径1～2厘米的伞房花序；总苞钟状，直径4～6毫米；总苞片4层，全部总苞片边缘棕褐色膜质；边缘雌花约3个，花管细管状。花果期8～9月。海拔4550～5150米。产措勤；四川；印度。

蒿属 *Artemisia*

443 臭蒿
Artemisia hedinii

一年生草本。茎多单生，高15～60（～100）厘米。基生叶密集成莲座状，长椭圆形，二回栉齿状羽状分裂，每侧裂片20余枚，小裂片具多枚栉齿，叶柄短或近无柄；茎下部与中部叶长椭圆形，长6～12厘米，二回栉齿状羽状分裂，每侧裂片5～10；上部叶与苞片叶一回栉齿状羽状分裂。头状花序半球形或近球形，径3～4（～5）毫米，在花序分枝上排成密穗状花序，在茎上组成密集窄圆锥花序，总苞片边缘紫褐色，膜质；花序托凸起，半球形；雌花3～8朵；两性花15～30朵，花冠紫红色。瘦果长圆状倒卵圆形。花果期7～10月。生湖边、草地、河滩、砾坡、田边、草坡、林缘、村旁、荒地等；海拔3700～4800米。产错那、芒康、昌都、类乌齐、丁青、索县、安多、班戈、聂荣、那曲、工布江达、朗县、尼木、康马、日喀则、南木林、江孜、亚东、萨迦、定日、聂拉木、日土、改则、申扎、措勤；新疆、青海、甘肃、四川、云南；印度（北部）、巴基斯坦（北部）、尼泊尔、克什米尔及俄罗斯。

444 垫型蒿
Artemisia minor

垫状亚灌木状草本。茎多枚，丛生，高10～15厘米。茎下部与中部叶近圆形、扇形或肾形，长0.6～1.2厘米，二回羽状全裂，每侧裂片2（～3），每裂片3～5全裂，小裂片披针形或长椭圆状披针形；上部叶与苞片叶小，羽状全裂或深裂、3全裂或不裂。头状花序半球形或近球形，径（0.3～）0.5～1厘米，排成穗状花序式总状花序；花序托半球形；雌花10～18；两性花50～80，花冠檐部紫色。瘦果倒卵圆形。花果期7～10月。生山坡、山谷、河漫滩、分水岭、洪积扇、盐湖边、冰碛台、路旁等砾石地或砾石质草地；海拔3800～5600米。产拉萨、江孜、措美、定日、聂拉木、吉隆、仲巴、安多、双湖、改则、噶尔、革吉、日土；甘肃、青海、新疆；克什米尔、巴基斯坦、印度。

445 东俄洛沙蒿
Artemisia desertorum var. *tongolensis*

多年生草本。茎单生或少数，高10～15厘米，上部分枝。基生叶长椭圆形，长3厘米以上，二回羽状全裂，小裂片线形或线状披针形；茎下部叶与营养枝叶长圆形或长卵形，长2～5厘米，二回羽状全裂或深裂，每裂片常3～5深裂或浅裂，小裂片线形、线状披针形或长椭圆形；中部叶长卵形或长圆形，一至二回羽状深裂；上部叶3～5深裂。头状花序多数，球形或卵球形，在分枝上排成穗状花序式的总状花序或穗状花序，在茎上常组成狭窄的扫帚状的圆锥花序；雌花4～8朵；两性花5～10朵，不孕育。瘦果卵形。花果期8～10月。生山地草原、亚高山草甸、砾质山坡等地；海拔3800～4600米。产日喀则、南木林、普兰、申扎、班戈、双湖、那曲、左贡、丁青；甘肃、四川。

446 灰苞蒿
Artemisia roxburghiana

多年生草本。茎高50～100厘米，有蛛丝状薄毛。中部叶长圆形、长卵形，长6～10厘米，宽4～6厘米，叶面微有毛或无毛，背面被灰色茸毛，二回羽状全裂，侧裂片2～3（～4）对，又羽状全裂，小裂片披针形或线状披针形，长0.5～1.5厘米，宽2～2.5毫米；叶柄长2厘米，基部有抱茎的假托叶；上部叶羽状全裂、3裂或不裂。头状花序卵形，长3毫米，直径2.5毫米。在短的分枝上排成密集的穗状花序并在茎上组成狭窄的圆锥花序；总苞片被短绒毛；雌花5～7朵；两性花10 ～15朵。瘦果小。花果期7～10月。生河岸阶地、草甸、山坡、荒地；海拔3100～3900米。产江达、昌都、米林、林芝、朗县、当雄、洛隆、聂拉木、普兰；青海、甘肃、四川、云南；印度（北部）、尼泊尔、阿富汗及克什米尔地区等。

447 昆仑蒿 *Artemisia nanschanica*

多年生草本。茎多数、丛生，高10～30（～40）厘米。茎下部叶与营养枝叶匙形、倒卵形或宽卵形，长1～2厘米，羽状或近掌状深裂或浅裂，裂片小，斜向叶先端；中部叶匙形或倒卵状楔形，上端斜向基部（2～）3（～4）深裂，裂片椭圆形或线形；上部叶匙形，自叶上端斜向基部2～3深裂、浅裂或不裂。头状花序半球形或近球形，排成密集短穗状或穗状总状花序，在茎上组成总状窄圆锥花序或穗状总状花序；总苞片初被灰黄色柔毛；雌花10～15；两性花12～20，黄色。瘦果长圆形或长圆状倒卵圆形。花果期7～10月。生河滩、草地、高原草坡和石质荒坡；海拔2100～5300米。产八宿、波密、林芝、康马、亚东、萨迦、革吉、日土、改则、双湖、班戈、那曲、安多；新疆、青海、甘肃。

448 毛莲蒿 *Artemisia vestita*

亚灌木状草本或小灌木状。茎多数，成丛，高30～80厘米，紫红色。茎下部与中部叶卵形、椭圆状卵形或近圆形，长（2～）3.5～7.5厘米，二（三）回栉齿状羽状分裂，每侧裂片4～6，小裂片常具数枚栉齿状假托叶；上部叶栉齿状；苞片叶分裂或不裂。头状花序多数，球形或半球形，排成总状、复总状或近穗状花序，常在茎上组成圆锥花序；总苞片背面被灰白色柔毛；雌花6～10；两性花13～20，花黄色。瘦果长圆形或倒卵状椭圆形。花果期8～11月。生山坡、山麓、草地、灌丛、砾质滩地等在森林草原、林中空地、荒地等；海拔2600～4300米。产丁青、昌都、江达、察雅、贡觉、洛隆、八宿、左贡、察隅、波密、米林、加查、朗县、隆子、洛扎、拉萨、南木林、日喀则；除华南与东南沿海地区外，全国均有分布；蒙古、朝鲜、巴基斯坦。

449 绒毛蒿
Artemisia campbellii

亚灌木状草本。茎成丛，高达35厘米。基生叶与茎下部叶卵形，长2.5～4厘米，二（三）回羽状全裂，每侧裂片3～5，裂片3深裂或羽状深裂；中部与上部叶卵形，一至二回羽状深裂或全裂，每侧裂片3～4（～5）；苞片叶3～5。头状花序半球形，3～5密集着生成密穗状或复穗状花序，在茎上组成窄圆锥花序；外、中层总苞片多少棕褐色，背面密被黄褐或锈色柔毛；雌花8～10；两性花15～18。瘦果倒卵形。花果期7～11月。生山坡灌丛、荒地、河滩沙地；海拔3850～5300米。产双湖、申扎、那曲、类乌齐、左贡、错那、措美、江孜、日喀则、亚东、聂拉木、吉隆、仲巴、扎达等地。

千里光属 *Senecio*

450 风毛菊状千里光　垂头千里光
Senecio saussureoides

多年生草本。茎单生，直立，高50～70厘米，不分枝，通常紫色。基生叶和下部茎叶在花期枯萎，具长柄；中部茎叶全形椭圆形或披针形，长达15厘米，宽5～6厘米，羽状深裂，顶生裂片三角状披针形或披针形，边缘近全缘，具疏齿或具数细裂，侧裂片5～6对，卵形或长圆状披针形，具不规则粗锯齿或撕裂，纸质；上部叶渐小，最上部叶线形，苞片状。头状花序无舌状花，下垂，3～8排列成疏散顶生伞房花序；总苞宽钟状，总苞片15～20，宽披针形，深绿色或紫色；管状花多数，黄色。瘦果圆柱形。花期8～9月。生山麓林下阴湿的灌丛中；海拔3700～3900米。产边坝；四川。

451 天山千里光
Senecio thianschanicus

矮小根状茎草本。茎单生或数个簇生，上升或直立，高10～20厘米。基生叶和下部茎叶在花期生存，具梗；叶片倒卵形或匙形，长4～8厘米，宽0.8～1.5厘米，顶端钝至稍尖，基部狭成柄，边缘近全缘，具浅齿或浅裂；中部茎叶长圆形或长圆状线形，边缘具浅齿至羽状浅裂，基部半抱茎，羽状脉，侧脉不明显；上部叶较小，线形或线状披针形，全缘。头状花序数个至10个，排成伞房状，有梗及条形苞片，总苞钟状，总苞片14～18个，矩圆状条形；舌状花约10个，黄色或金黄色；管状花多数。瘦果圆柱形。花期7～9月。生山坡砾石地及沼泽草甸；海拔3800～5000米。产江达、昌都、丁青、索县、穷结、拉萨；新疆、青海、甘肃。

橐吾属 *Ligularia*

452 黄帚橐吾
Ligularia virgaurea

多年生灰绿色草本。茎直立，高15～80厘米，基部被厚密的褐色枯叶柄纤维包围。丛生叶和茎基部叶具柄，叶片卵形、椭圆形或长圆状披针形，长3～15厘米，宽1.3～11厘米，先端钝或急尖，全缘至有齿，边缘有时略反卷；茎生叶小，卵形、卵状披针形至线形。总状花序密集或上部密集，下部疏离；苞片线状披针形至线形；头状花序辐射状，常多数；小苞片丝状；总苞陀螺形或杯状，总苞片10～14，2层，长圆形或狭披针形；舌状花5～14，黄色，舌片线形；管状花多数。瘦果长圆形。花果期7～9月。生河滩，沼地；海拔2600～4700米。产类乌齐、昌都；青海、甘肃、四川、云南。

453 箭叶橐吾 *Ligularia sagitta*

多年生草本。茎高30～70厘米。丛生叶与茎下部叶箭形、戟形或长圆状箭形，长2～20厘米，边缘有小齿，两侧裂片外缘常有大齿，叶脉羽状，叶柄具窄翅，基部鞘状；茎中部叶与下部叶同形，较小，具短柄，鞘状抱茎；最上部叶苞叶状。总状花序长6～40厘米；头状花序多数，辐射状；苞片窄披针形或卵状披针形，草质，小苞片线形；总苞钟形或窄钟形，总苞片7～10，2层，长圆形或披针形，内层边缘膜质；舌状花5～9，黄色，舌片长圆形；管状花多数。花果期7～9月。生河滩、灌丛、林下或林缘；海拔3450～4000米。产江达、类乌齐、索县、工布江达；青海、陕西、四川、甘肃、内蒙古。

454 缘毛橐吾 *Ligularia liatroides*

多年生草本。茎直立，高达100厘米，基部被枯叶柄纤维包围。丛生叶与茎下部叶具柄，具全缘的翅，基部鞘状，光滑，叶片卵状披针形、椭圆形或长圆形，长8～22厘米，宽4.5～8厘米，先端急尖或钝圆，全缘，稀有小齿，基部楔形，下延成翅状柄；茎中上部叶无柄，卵状披针形至线形，向上渐小。总状花序密集，长达40厘米；苞片线状披针形至线形；头状花序多数，辐射状；小苞片钻形；总苞陀螺形，总苞片7～8，长圆形或披针形；舌状花5～6，黄色，舌片线形；管状花长约7毫米。瘦果圆柱形。花果期7～8月。生河滩、草地、林下；海拔3800～4100米。产索县、昌都、类乌齐；青海、四川。

455 藏橐吾　酸模叶橐吾
Ligularia rumicifolia

多年生草本。茎高30～80厘米。丛生叶与茎下部叶卵状长圆形，长10～19厘米，边缘具小齿，基部浅心形或圆，叶脉羽状；茎中上部叶卵形或卵状披针形；最上部叶披针形。复伞房状花序被白色棉毛；苞片及小苞片线形，较短；头状花序多数，辐射状，总苞钟状陀螺形或陀螺形，总苞片5～8，2层，椭圆形或长圆形；舌状花3～7，黄色，舌片线状长圆形；管状花多数，黄色。瘦果狭倒披针形。花果期7～10月。生山坡草地、灌丛中、林下；海拔2950～4800米。产拉萨、浪卡子、泽当、林周、林芝、琼结、索县、边坝；尼泊尔。

456 沼生橐吾
Ligularia lamarum

多年生草本。茎高达52厘米。丛生叶与茎下部叶卵状心形或三角状箭形，长3～9厘米，两面光滑，叶脉掌状；茎中上部叶卵状心形或心形；总状花序长10～16厘米，密集近穗状或疏离；苞片线形；小苞片钻形；头状花序多数，辐射状，总苞钟状陀螺形，总苞片6～8，2层，长圆形；舌状花5～8，黄色，舌片长圆形；管状花多数，黄色，冠毛淡黄色，稍短于花冠。瘦果光滑。花果期7～9月。生沼泽地、潮湿草地、灌丛及林下；海拔3300～4360米。产西藏（东南部）；云南（西北部）、四川（西部）、甘肃（西南部）；缅甸。

垂头菊属 *Cremanthodium*

457 车前状垂头菊
Cremanthodium ellisii

多年生草本。茎高8～60厘米。丛生叶卵形、宽椭圆形或长圆形，长1.5～19厘米，全缘或有小齿或缺齿，稀浅裂，基部下延，两面无毛或幼时疏被白色柔毛，叶脉羽状，常紫红色，基部具筒状鞘；茎生叶卵形、卵状长圆形或线形，全缘或有齿，半抱茎。头状花序1～5，通常单生或排成伞房状总状花序，辐射状；总苞半球形，总苞片8～14，2层，披针形；舌状花黄色，舌片长圆形；管状花多数，深黄色。瘦果长圆形。花果期7～10月。生高山流石滩、沼泽草地、河滩；海拔3400～5600米。产日土、普兰、申扎、班戈、拉萨、加查、昌都、八宿；云南、四川、甘肃、青海；喜马拉雅山西部和克什米尔。

458 褐毛垂头菊
Cremanthodium brunneopilosum

多年生草本。茎高1米。丛生叶与茎基部叶长椭圆形或披针形，长6～40厘米，全缘或有骨质小齿，叶脉羽状平行或平行；茎生叶4～5，渐小，窄椭圆形；最上部叶苞叶状，披针形。头状花序2～13，通常呈总状花序；总苞半球形，密被褐色长柔毛，基部具披针形或线形、草质、绿色小苞片，总苞片10～16，2层，披针形或长圆形；舌状花黄色，舌片线状披针形；管状花多数，黄色。瘦果长6毫米。生于沼泽草甸、河滩、高山草甸；海拔4100～4300米。产那曲；青海（南部）、四川（西北部）。

459 喜马拉雅垂头菊
Cremanthodium decaisnei

多年生矮小草本。茎高6～25厘米。丛生叶与茎基部叶肾形或圆肾形，长0.5～4.5厘米，宽0.9～5厘米，边缘具不整齐浅圆钝齿，稀浅裂，叶脉掌状；茎中上部叶1～2，具短柄或无柄。头状花序单生，辐射状；总苞半球形，稀钟形，总苞片8～12，2层，外层窄披针形，内层长圆状披针形，具宽的膜质边缘；舌状花黄色，舌片窄椭圆形或长圆形；管状花多数，黄色。瘦果长3～5毫米。生于水边、灌丛中；海拔3500～5400米。产比如、察隅、拉萨、南木林、仲巴、普兰、申扎；云南、四川、甘肃、青海；不丹、尼泊尔、印度、克什米尔。

460 紫叶垂头菊
Cremanthodium purpureifolium

多年生草本。茎1～2，直立，高7～15厘米，紫红色，基部被枯叶柄纤维包围。丛生叶与茎基部叶具柄，紫色，叶片长圆形至阔长圆形，或卵状长圆形，长3.7～7.5厘米，宽1.5～5.5厘米，先端钝圆，基部宽楔形，稀平截，边缘有整齐的小齿，叶脉羽状；茎生叶苞叶状，卵形、长圆形至线形，长1～3厘米，基部半抱茎。头状花序单生，下垂，辐射状，总苞半球形，总苞片10～12，2层，外层披针形，内层长圆形；舌状花黄色，舌片长圆形，先端钝，具细齿；管状花深黄色。瘦果光滑。花期7～8月。生水边和高山流石滩；海拔3600～4900米。产吉隆；尼泊尔。

飞廉属 *Carduus*

461 节毛飞廉　刺飞廉
Carduus acanthoides

二年生或多年生草本。茎直立，高50～150厘米。基部及下部茎生叶长椭圆形或长倒披针形，长6～29厘米，羽状浅裂、半裂或深裂，侧裂片6～12对，半椭圆形、偏斜半椭圆形或三角形；向上的叶渐小，基部及下部叶同形并等样分裂。头状花序下部叶宽线形或线形；花序下部的茎翼有时为针刺状；总苞卵圆形，总苞片多层，向内层渐长，疏被蛛丝毛，最外层线形或钻状三角形，最内层线形或钻状披针形，中外层苞片先端有针刺，最内层先端钻状长渐尖；小花红紫色。瘦果长椭圆形。花果期5～10月。生田边、路旁、水沟边，山坡草地或林缘；海拔2550～4000米。产芒康、贡觉、江达、类乌齐、边坝、索县、波密、林芝、米林；几遍全国分布；广布欧洲、俄罗斯（中亚、西伯利亚）及东北亚。

蓟属 *Cirsium*

462 葵花大蓟　聚头蓟
Cirsium souliei

多年生铺散草本。无主茎。叶基生，叶矩圆状披针形或窄披针形，长6.5～28厘米，宽2.5～6.5厘米，顶端急尖或钝尖，具刺，基部渐狭，有柄，羽状浅裂或深裂，裂片长卵形或卵形，基部有小裂片，顶端和边缘具小刺。头状花序集生莲座状叶丛中；总苞片钟状，3～5层，中外层三角状披针形或钻状披针形，内层及最内层披针形，边缘有针刺，或最内层边缘有刺痕；小花紫红色。瘦果浅黑色，长椭圆状倒圆锥形。花果期7～9月。生山坡草地、水沟边湿地、灌丛中和云杉林缘；海拔3200～4800米。产江达、察雅、类乌齐、工布江达、加查、那曲、拉萨、南木林、亚东；四川、甘肃、青海。

风毛菊属 *Saussurea*

463 长叶雪莲
Saussurea longifolia

多年生草本。茎高15～30厘米。基生叶长圆形或长圆状披针形，长7～15厘米，全缘，两面被黄褐色长柔毛；中部茎生叶无柄；最上部茎生叶椭圆形，膜质，紫红色。头状花序单生茎端；总苞钟状，总苞片4层，紫红色，背面被长柔毛，外层卵状披针形，中层长圆状披针形，内层线状披针形；小花紫红色，冠毛淡褐色。瘦果长圆形。花果期7～9月。生高山草地、灌丛中；海拔4600～5000米。产米林；云南、四川。

464 星状雪兔子
Saussurea stella

无茎莲座状草本。全株光滑无毛。叶莲座状，线形，长3～19厘米，中部以上长渐尖，全缘，基部扩大，紫红色，两面光滑。头状花序无梗，多数，密集呈半球形；总苞圆筒形，总苞片长圆形，先端钝，紫红色；小花长10～15毫米，管部长为檐部的两倍，冠毛白色。瘦果圆柱状。花果期7～9月。生高山草地、河边草地、沼泽草地；海拔4000～5400米。产谢通门、南木林、亚东、拉萨、乃东、加查、错那、巴青、八宿、贡觉、江达；青海、甘肃、四川、云南；印度、不丹。

465 羌塘雪兔子
Saussurea wellbyi

无茎草本。根圆锥形，肉质。叶莲座状，线状披针形，长2～5厘米，先端长渐尖，全缘，基部扩大，卵形，宽达8毫米，在上面中部以上无毛，中部以下被白色绒毛，在下面密被白色绒毛。头状花序无梗，多数，密集呈半球形；总苞圆筒形，总苞片卵状长圆形或长圆形，先端急尖，紫红色，疏被绒毛；小花紫红色，冠毛褐色。瘦果圆柱状。花果期8～9月。生高山流石滩、山坡沙地；海拔4800～5500米。产双湖、班戈、安多；新疆、青海、四川。

466 鼠曲雪兔子
Saussurea gnaphalodes

丛生草本；高1～6厘米。茎直立，基部被褐色枯存叶柄。叶密集，长圆形或匙形，连柄长0.8～4厘米，先端钝，全缘或有疏齿，基部渐狭成柄，两面被灰白色或黄褐色绒毛；最上部叶苞叶状，宽卵形，被毛。头状花序无梗，多数，密集茎端呈半球形，总苞筒状，总苞片卵状长圆形或披针形，紫红色；小花紫红色，冠毛黑色或褐色。瘦果倒圆锥状。花果期6～8月。生高山流石滩；海拔4500～5700米。产安多、班戈、双湖、日土、革吉、扎达、普兰、仲巴、萨嘎、定日、聂拉木、南木林、亚东、隆子、芒康、八宿、昌都；青海、四川、新疆；尼泊尔、印度、巴基斯坦。

467 黑毛雪兔子
Saussurea hypsipeta

多年生丛生小草本；高达13厘米。莲座状叶丛的叶及下部茎生叶窄倒披针形或窄匙形，长3～6厘米，羽状浅裂，基部渐窄，叶两面被白色或淡黄褐色绒毛；最上部茎生叶线状披针形，全缘或有齿，两面被黑色绒毛。头状花序无梗，密集于茎端成径4厘米半球形总花序；总苞圆锥状，总苞片3层，背面紫色，外层线形，背面近顶端被白色长棉毛，中层长披针形，背面被长棉毛，内层椭圆形，背面近先端被白色长棉毛；小花紫红色。瘦果褐色。花果期7～8月。生高山流石滩；海拔4700～5400米。产日土、双湖、仲巴、拉萨、隆子、加查、朗县、林芝、左贡、八宿；青海、四川、云南。

468 三指雪兔子
Saussurea tridactyla

多年生多次结实有茎草本。茎高8～16厘米，密被白色稀褐色绵毛，基部具褐色枯存叶柄。叶密集，线状倒卵形或匙形，长5～6厘米，先端钝，全缘或具3～6浅裂片，基部渐狭成柄，两面密被白色、有时为褐色绵毛；上部叶常匙形、倒卵状匙形或长圆形。头状花序无梗，多数，密集茎端呈半球形。总苞圆筒形，总苞片线状长圆形，先端急尖，小花蓝紫色，冠毛淡褐色。瘦果长约4毫米。花果期8～9月。生高山流石滩；海拔4300～5200米。产亚东、浪卡子、加查、朗县、错那、八宿；印度。

469 水母雪兔子 *Saussurea medusa*

多年生草本。茎密被白色棉毛。叶密集，茎下部叶倒卵形、扇形、圆形、长圆形或菱形，连叶柄长达10厘米，上半部边缘有8～12粗齿；上部叶卵形或卵状披针形；最上部叶线形或线状披针形，边缘有细齿；叶两面灰绿色，被白色长棉毛。头状花序在茎端密集成半球形总花序，为被棉毛的苞片所包围或半包围；总苞窄圆柱状，总苞片3层，外层长椭圆形，中层及内层披针形；小花蓝紫色。瘦果纺锤形，浅褐色。花果期7～9月。生多砾石山坡、高山流石滩；海拔3000～5600米。产察隅、札达、普兰、改则、仲巴、林周、乃东、隆子、八宿、左贡、江达、昌都、丁青、索县、安多、班戈、申扎、双湖；甘肃、青海、四川、云南；克什米尔。

470 密毛风毛菊 *Saussurea graminifolia*

多年生草本；高10～20厘米。茎直立，密被白色长棉毛。基生叶狭线形，长5～14厘米，宽1～2毫米，顶端渐尖，基部稍宽呈鞘状，上面无毛，下面灰白色，密被白色棉毛，边缘全缘，反卷；茎生叶与基生叶同形，基部扩大成紫色膜质的鞘，反折。总苞近球形，长2～2.5厘米，总苞片密被白色有光泽的长绢毛，外层总苞片披针形，紫红色，反折，内层总苞片窄条形，直立，上部紫色，下部禾杆黄色；花紫色。瘦果圆柱形。花果期7～9月。生山坡草地上、砾石滩边缘草地上；海拔4500～4600米。产聂拉木、定日；尼泊尔、印度、克什米尔。

471 美丽风毛菊
Saussurea pulchra

多年生草本；高4～15厘米。茎直立，疏被长柔毛。基生叶莲座状，倒披针形至椭圆形，长3～9厘米，宽1～2.5厘米，先端圆，具短尖头，叶缘疏生稀齿及缘毛，基部下延成柄；茎生叶较小，披针形。头状花序，单一顶生，直径可达3厘米，总苞钟形，总苞片紫色或具紫色边缘，具短尖，4列；花全部管状，紫色，长达2.5厘米，先端5裂。瘦果长圆形。花期7～8月。分布甘肃（玉门、夏河）、青海（同仁）。生砂质河谷；海拔1920～2800米。模式标本采自甘肃。西藏新分布。

472 禾叶风毛菊
Saussurea graminea

多年生草本；高3～25厘米。茎密被白色绢状柔毛。基生叶及茎生叶窄线形，长3～15厘米，宽1～3毫米，全缘，上面疏被绢状柔毛，下面密被绒毛，基部稍鞘状。头状花序单生茎端；总苞钟状，总苞片4～5层，被绢状长柔毛，外层卵状披针形，中层长椭圆形，内层线形；小花紫色。瘦果圆柱状。花果期7～8月。生山坡草地、草甸、河滩草地、杜鹃灌丛；海拔3400～5350米。产江达、贡觉、八宿、昌都、察隅、巴青、安多、定日、吉隆、萨噶、仲巴、双湖、改则；四川、甘肃、云南。

473 倒齿风毛菊
Saussurea retroserrata

多年生草本；高30～40厘米。茎直立，黄绿色带褐色，被锈色腺毛。叶纸质，披针形，长12～16厘米，宽1～1.6厘米，先端渐尖，顶端具短尖头，基部渐狭，边缘有倒向锯齿，齿端具短尖头，上面被锈褐色毛；茎生叶较小。头状花序3～4个，生于茎和枝端；总苞卵圆形或矩圆形，总苞片5层，外层卵状披针形，褐色，上部及边缘紫红色，反折，内层长矩圆形，禾杆黄色，上部紫红色；花紫红色，有5个狭裂片；花药蓝色。瘦果圆柱形。花果期7～9月。生山坡冷杉林缘；海拔3500米。产察隅。

474 长毛风毛菊
Saussurea hieracioides

多年生草本；高3～5厘米。茎密被白色长柔毛；基生叶莲座状，椭圆形或长椭圆状倒披针形，长4.5～15厘米，宽2～3厘米，全缘或疏生微浅齿，基部渐窄成具翼短柄；茎生叶与基生叶同形或线状披针形或线形；叶质薄，两面及边缘疏被长柔毛。头状花序单生茎顶；总苞宽钟形，总苞片4～5层，边缘黑紫色，背面密被长柔毛，窄披针形或线形；小花紫色。瘦果圆柱状，褐色。花果期6～8月。生高山碎石土坡、高山草坡；海拔4450～5200米。产察隅、错那、申扎；青海、甘肃、湖北、四川、云南；尼泊尔、印度。

475 重齿风毛菊　重齿叶缘风毛菊
Saussurea katochaete

多年生无茎莲座状草本。叶莲座状，叶片椭圆形、椭圆状长圆形、匙形、卵状三角形或卵圆形，长3～9厘米，宽2～4厘米，基部楔形、圆形或截形，顶端渐尖、急尖、钝或圆形，边缘有细密的尖锯齿或重锯齿，侧脉多对。头状花序常单生于莲座状叶丛中；总苞宽钟状；总苞片4层，外层三角形或卵状披针形，边缘紫黑色狭膜质，中层卵形或卵状披针形，内层长椭圆形或宽线形；小花紫色。瘦果褐色。花果期7～10月。生山坡草地、山谷沼泽地、河滩草甸、林缘；海拔2230～4700米。产昌都、江达、比如、类乌齐、聂荣、那曲、错那、措美、亚东；甘肃、青海、四川、云南。

476 横断山风毛菊
Saussurea superba

多年生草本；高4～15cm。根茎粗壮，木质化，上端有残叶柄宿存。茎直立，疏被长柔毛。基生叶莲座状，倒披针形至椭圆形，长3～9cm，宽1～2.5cm，先端圆，具短尖头，叶缘疏生稀齿及缘毛，基部下延成柄，上面被粗伏毛，下面中脉处贴生长柔毛；茎生叶较小，披针形。头状花序，单一顶生，总苞钟形，总苞片紫色或具紫色边缘，具短尖，4层，外层披针形，内层线形；花全部管状，紫色，两性，先端5裂。瘦果长圆形。花期7～8月。生草原、路边、山脚；海拔4000米以上。分布于西藏、青海、甘肃、云南等地。

477 狮牙草状风毛菊 狮牙状风毛菊
Saussurea leontodontoides

多年生矮小草本；高达10厘米。茎极短，灰白色，密被蛛丝状棉毛至无毛。叶莲座状，线状长椭圆形，长4～15厘米，羽状全裂，侧裂片8～12对，椭圆形、半圆形或几三角形，全缘或基部一侧有小耳，顶裂片钝三角形，叶上面疏被糙毛，下面密被灰白色绒毛。头状花序单生莲座状叶丛中；总苞宽钟形，总苞片5层，外层及中层披针形，内层线形；小花紫红色。瘦果圆柱形。花果期8～10月。生山坡砾石地、林间砾石地、草地、林缘、灌丛边缘；海拔3280～5450米。产巴青、八宿、林周、拉萨、泽当、措美、措那、南木林、亚东、仲巴、措勤、萨嘎；四川、云南；克什米尔、尼泊尔、印度。

478 异色风毛菊
Saussurea brunneopilosa

多年生草本；高7～45厘米。茎直立，不分枝，密被白色长绢毛。叶狭线形，长3～10（～15）厘米，宽1毫米，近基部加宽呈鞘状，边缘全缘，内卷，上面无毛，下面密被白色绢毛。头状花序单生茎端；总苞近球形，总苞片4层，外层卵状椭圆形，中层椭圆状披针形，内层线状披针形，全部总苞外面被褐色和白色的长柔毛；小花紫色。瘦果圆锥状。花果期7～8月。生山坡阴处及山坡路旁；海拔2900～4500米。产甘肃、青海。西藏新分布。

479 薄苞风毛菊 *Saussurea leptolepis*

多年生草本；高6～16厘米。茎直立，细，单生，紫色，被稠密或稀疏长柔毛。基生叶基部渐狭成叶柄，叶片长椭圆形，长2.5～5厘米，宽0.7～1厘米，质薄，羽状浅裂，侧裂片3～4对，三角形，顶端钝，有小尖头；茎生叶1～2枚，线形或披针形，边缘有不规则三角形锯齿，全部叶两面异色，上面绿色或后变紫色，无毛，下面灰白色，被灰白色稠密绒毛。头状花序单生茎端；总苞漏斗形；总苞片5层；小花紫红色。瘦果圆柱状，紫红色。花果期8月。生高山草甸；海拔4200～4400米。分布四川（康定）。西藏新分布。

480 东俄洛风毛菊 *Saussurea pachyneura*

多年生草本；高达28厘米。茎被锈色腺毛或无毛；叶长椭圆形或倒披针形，长5～28厘米，羽状全裂，侧裂片6～11对，椭圆形或卵形，有三角形粗齿，叶柄长2～9厘米，紫红色，被蛛状毛；叶上面疏被腺毛，下面密被白色绒毛。头状花序单生茎端；总苞钟状，总苞片5～6层，质硬，外层长圆形或披针形，中层卵形或卵状披针形，先端常反折，内层披针状椭圆形；小花紫色。瘦果长圆形，褐色。花果期8～9月。生山坡、灌丛、草甸、流石滩；海拔3285～4700米。产察隅、朗县、加查、亚东；四川、云南。

481 弯齿风毛菊　丽江风毛菊
Saussurea przewalskii

多年生草本；高（6～）15～25厘米。茎黑紫色，被白色蛛丝状棉毛。基生叶和茎生叶长椭圆形，长8～1.5厘米，宽1～2厘米，羽状浅裂或半裂，侧裂片4～6对，三角形，疏生小齿；花序下部叶线状披针形，羽状浅裂或半裂，无柄；叶上面疏被蛛丝毛或无毛，下面密被白色蛛丝状绒毛。头状花序6～8集成球形；总苞卵圆形，总苞片5层，上部黑紫色或紫色，背面疏被白色长柔毛，外层卵状披针形，中层椭圆形，内层长椭圆形。瘦果圆柱状。花果期7～9月。生山坡灌丛草地、流石滩、云杉林缘；海拔3800～4800米。产江达、昌都、类乌齐、察隅、波密、墨脱、林芝、米林、工布江达、朗县、错那；陕西、甘肃、青海、四川、云南。

482 吉隆风毛菊　藏西风毛菊
Saussurea andryaloides

多年生矮小草本；高5厘米。茎极短，密被白色绒毛或几无茎；叶线状长圆形或倒披针形，长3.8～8.5厘米，羽状浅裂，侧裂片5对，钝三角形或偏斜三角形，上面疏被绒毛，下面密被白色绒毛，基部渐窄成长叶柄。头状花序单生，直径1.2～2厘米；总苞卵圆形，长1.5～1.8厘米，总苞片3～4层，外层卵状披针形，内层条形；花紫红色。瘦果圆柱形。花果期8～10月。生山坡荒地；海拔4500～5400米。产日土、革吉、普兰、仲巴、萨噶、吉隆、聂拉木、定日、定结、萨迦、措勤、改则、双湖、那曲；印度西北部至克什米尔。

483 康定风毛菊 *Saussurea ceterach*

无茎小型多年生草本。叶莲座状，有长1～1.5厘米的叶柄，叶片全形椭圆形或倒卵状椭圆形，长2.5～4.5厘米，宽0.8～1.2厘米，羽状浅裂，侧裂片4～5对，卵形、长圆形或半圆形，顶端圆形，有小尖头，边缘全缘，中部侧裂片较大。头状花序单生；总苞钟形，总苞片3层，外层卵状披针形，内层条形；花紫红色。瘦果圆柱形。花果期8～9月。生山坡灌丛草地；海拔3800～4500米。产错那；四川。

484 锥叶风毛菊 *Saussurea wernerioides*

多年生无茎草本；高1.2～3厘米。叶莲座状，长椭圆状倒披针形，长1.3～1.5厘米，宽1～3毫米，顶端急尖，浅裂，侧裂片2～3对，尖锯齿状，叶上面绿色，无毛，下面灰白色，密被白色绒毛。头状花序单生根状茎分枝的顶端。总苞钟状，紫色；总苞片3层，外层卵状披针形，中层长披针形，内层线形；小花紫红色。瘦果圆柱状，淡褐色。花果期8～9月。生高山砾石坡，山坡草地；海拔5200～5400米。产申扎、南木林、拉萨、八宿、芒康；四川、云南；印度。

毛连菜属 *Picris*

485 毛连菜
Picris hieracioides

二年生草本。茎上部呈伞房状或伞房圆状分枝，被光亮钩状硬毛；基生叶花期枯萎；下部茎生叶长椭圆形或宽披针形，长8～34厘米，全缘或有锯齿，基部渐窄成翼柄；中部和上部叶披针形或线形，无柄，基部半抱茎；最上部叶全缘；叶两面被硬毛。头状花序排成伞房或伞房圆锥花序；总苞圆柱状钟形，总苞片3层，外层线形，内层线状披针形；舌状小花黄色。瘦果纺锤形。花果期6～9月。生松林下，林缘、灌丛乃至路边荒地；海拔2200～3800米。产察雅、波密、林芝、米林、加查、错那、亚东、吉隆；欧亚温带至亚热带广泛分布。

蒲公英属 *Taraxacum*

486 大头蒲公英
Taraxacum calanthodium

多年生草本。叶宽披针形或倒卵状披针形，长7～20厘米，下面疏被蛛丝状长柔毛，羽状深裂，侧裂片短三角形或宽三角形，平展或倒向，全缘，侧裂片间具小齿，顶端裂片较大，戟状三角形或戟形。花莛数个，高达25厘米；头状花序径5～6厘米；总苞片有白或淡褐色膜质边缘，外层宽卵状披针形或卵形，内层宽线形；舌状花黄色，边缘花舌片背面具红紫色条纹。瘦果倒披针形，黄褐色。花果期7～9月。生山坡高山草甸；海拔3800～4600米。产昌都、江达、察隅、索县、比如、吉隆；四川、甘肃、陕西、青海。

487 灰果蒲公英
Taraxacum maurocarpum

多年生草本。叶窄披针形，长7～12厘米，疏被柔毛或几无毛，边缘羽状深裂，具齿，少数外叶近全缘，每侧裂片（3～）4～6，裂片平展或倒向，窄三角形或近线状披针形，全缘，顶端裂片窄戟形或长圆状披针形。花莛高10～25厘米；头状花序径约3厘米；总苞片外层披针形或卵状披针形，内层线形；舌状花黄色，边缘花舌片背面有暗紫色条纹。瘦果倒卵状长圆形，灰色或深灰褐色。花果期7～9月。生河滩草地、路旁或林下；海拔3000～4600米。产类乌齐、林芝、米林、拉萨、申扎；青海、四川；伊朗、阿富汗、巴基斯坦。

488 毛柄蒲公英　毛葶蒲公英
Taraxacum eriopodum

多年生矮小草本。叶倒披针形，长8～15厘米，羽状浅裂或半裂，稀不裂，侧裂片3～4对，裂片钝三角形或线形，平展或倒向，全缘，顶端裂片稍宽。花莛1至数个，高5～12厘米，上部疏生淡褐色蛛丝状柔毛；头状花序径3～4厘米；总苞钟形，外层披针形或卵状披针形，稍狭于至等宽于内层总苞片；舌状花黄色，边缘花舌片背面有暗紫色条纹。瘦果淡麦秆黄色。花果期7～9月。生山坡草地、河边沼泽地上；海拔4500～5300米。产芒康、八宿、拉萨、昂仁、班戈、索县；甘肃、青海、云南、四川；印度、不丹、尼泊尔。

489 锡金蒲公英
Taraxacum sikkimense

多年生草本。叶倒披针形，长5～12厘米，无毛，稀被蛛丝状毛，通常羽状半裂至深裂，稀具浅齿，每侧裂片4～6，裂片三角形或线状披针形，平展或倒向，近全缘，顶端裂片三角形或线形。花莛长5～30厘米；头状花序径4～5厘米；总苞钟形，外层披针形或卵状披针形，窄或与内层等宽；舌状花黄色、淡黄色或白色，先端有时带红晕，边缘花舌片背面有紫色条纹。瘦果倒卵状长圆形，深紫色、红棕色或橘红色。生山坡草地或路旁；海拔3800～5000米。产拉萨、南木林、江孜、聂拉木、吉隆；青海、四川、云南；尼泊尔、印度。

绢毛苣属 *Soroseris*

490 空桶参　绢毛菊
Soroseris erysimoides

多年生草本；高达30厘米。茎不分枝，无毛或上部被白色柔毛；叶线状舌形、椭圆形或线状长椭圆形，基部楔形渐窄成柄，连叶柄长4～11厘米，全缘，平或皱波状；叶两面无毛或叶柄被柔毛。头状花序集成径为2.5～5厘米的团伞状花序；总苞窄圆柱状，总苞片外层2，线形，内层4，披针形或长椭圆形；舌状小花黄色，4。瘦果微扁，近圆柱状，红棕色。花果期6～10月。生高山草甸、砾石山坡或山坡灌丛中；海拔3900～5500米。产昌都、拉萨、林芝、达孜、加查、林周、工布江达、朗县、错那、隆子、南木林、亚东、定日、尼木、萨噶、仲巴、普兰、革吉、申扎、丁青、比如；陕西、甘肃、青海、四川、云南；尼泊尔至不丹。

合头菊属 *Syncalathium*

491 合头菊
Syncalathium kawaguchii

一年生草本；高1～5厘米。外围叶片椭圆形至倒卵状长圆形，长2～3.5厘米，边缘具细浅齿至锯齿，通常基部渐狭呈鞘状。头状花序少数或多数，在茎端排成直径为2～5厘米的团伞花序；头状花序下面有1线形小苞片，总苞片3枚，具小花3朵，舌片紫红色。瘦果倒卵状长圆形。花果期6～9月。生山坡及河滩砾石地、流石滩；海拔3800～5400米。产昌都、曲松、拉萨、工布江达、墨竹工卡、加查、隆子、措美、措那、林周、南木林、比如、索县。

岩参属 *Cicerbita*

492 川甘岩参 青甘岩参
Cicerbita roborowskii

多年生草本。根须状，植株高达60米。叶长达20厘米，倒向羽状深裂，顶生裂片长圆状披针形、披针形至条状披针形，顶端尖，侧裂片4～6对，条形或披针形，全缘。头状花序多数，成圆锥花序，具花10朵左右；总苞近筒状，总苞片2～3层；舌片淡紫色至紫色。瘦果果倒卵状椭圆形，黑褐色。花果期7～9月。生河谷、山坡灌丛；海拔1900～4200米。产江达、察雅、贡觉、洛隆、波密、比如；青海、宁夏、甘肃、四川。

黄鹌菜属 *Youngia*

493 无茎黄鹌菜 *Youngia simulatrix*

多年生矮小丛生草本。茎长约1厘米，顶端有极短花序分枝。叶莲座状，倒披针形，包括基部渐狭的叶柄，长1.5～5.5厘米，宽0.5～1.5厘米，顶端圆形、急尖或短渐尖，边缘全缘、波状浅钝齿或稀疏的凹尖齿。头状花序2～7个；总苞钟状筒形，具15～20朵花；舌片长10～12毫米；花柱分枝先黄色，后转黑褐色。瘦果圆柱状而稍弯曲。花果期7～10月。生山坡草地、河滩砾石地、河谷草滩地；海拔3700～5000米。产八宿、加查、拉萨、尼木、南木林、康马、亚东、仲巴、类乌齐、那曲、班戈、申扎；甘肃、青海、四川；尼泊尔、印度。

494 总序黄鹌菜　旌节黄鹌菜 *Youngia racemifera*

多年生草本；高20～50厘米。茎直立，单生，下部或有时大部紫红色，通常不分枝或有时自中下部有长而斜升的分枝。叶形变异较大，生于下部者多为三角形或椭圆形，向上渐变为卵状披针形至狭披针形，长5～10厘米，边缘具浅波状尖齿，上部的叶近全缘，下部的叶柄长达10厘米。头状花序多生于花序主轴和分枝的一侧，下垂；总苞狭钟形，含小花10朵左右，花冠全长约12毫米；花柱分枝后变墨绿色。瘦果黄褐色，纺锤形。花果期8～9月。生高山松和云杉林下及林缘；海拔3000～3900米。产波密、察隅、米林、工布江达、聂拉木、边坝；四川、云南；尼泊尔、印度、不丹。

五十二、忍冬科 Caprifoliaceae

刺参属 *Morina*

495 青海刺参 *Morina kokonorica*

多年生草本；高达80厘米。茎单一。基生叶5～6，簇生，线状披针形，长（7～）10～15（～20）厘米，边缘具深波状齿，齿裂片近三角形，裂至近中脉，边缘有3～7硬刺；茎生叶似基生叶，长披针形，常4叶轮生，基部抱茎。轮伞花序顶生，6～8轮，穗状，每轮有总苞片4；总苞片长卵形，近革质，边缘具多数黄色硬刺；小总苞钟状，藏于总苞内；花萼杯状，2深裂，裂片2或3裂，小裂片披针形，先端常刺尖；花冠二唇形，5裂，淡绿色，外面被毛，较花萼短。瘦果熟时褐色，圆柱形。花期6～8月，果期8～9月。生山坡草地、灌丛、河谷砾石处；海拔3400～4900米。产改则、班戈、那曲、丁青、比如、索县、江达、昌都、左贡、八宿、加查、拉萨、定日、聂拉木、吉隆、昂仁、仲巴、普兰；甘肃、四川、青海。

刺续断属 *Acanthocalyx*

496 白花刺续断　白花刺参 *Acanthocalyx alba*

本种与刺续断很相似，仅植株较纤细，高10～40厘米。叶宽5～9毫米。花萼全绿色，长5～8毫米；花冠白色，裂片长3毫米。生草甸、山坡草地、灌丛下；海拔3600～4200米。产昌都、江达、类乌齐、索县、八宿、米林；云南、四川、青海、甘肃。我们在刺续断群落里也发现有部分个体花萼全绿，花冠白色，其余与刺续断的形态特征更接近。所以刺续断与白花刺续断的关系可能是值得进一步深入研究的。

497 刺续断　刺参
Acanthocalyx nepalensis

多年生草本；高（10～）20～50厘米。基生叶线状披针形，长10～20厘米，基部鞘状抱茎，边缘有疏刺毛；茎生叶对生，2～4对，长圆状卵形或披针形，边缘具刺毛。假头状花序顶生，径3～5厘米，有10～20花，总苞苞片4～6对，长卵形或卵圆形，渐尖；小总苞钟形；花萼筒状，裂口达花萼一半，边缘具长柔毛及齿刺，上部边缘紫色，或全部紫色；花冠红色或紫色，稍近左右对称，冠筒外弯，被长柔毛，裂片5，倒心形，先端凹陷。瘦果柱形，熟时蓝褐色。花期6～8月，果期7～9月。生山坡草地；海拔3200～4500米。产芒康、米林、林芝、错那、工布江达、当雄、定日、亚东、聂拉木；云南、四川；尼泊尔至不丹、印度、缅甸。

忍冬属 *Lonicera*

498 刚毛忍冬
Lonicera hispida

落叶灌木；高达2（～3）米。叶厚纸质，椭圆形、卵状椭圆形、卵状长圆形或长圆形，稀线状长圆形，长（2～）3～7（～8.5）厘米，基部有时微心形，近无毛或下面脉有少数刚伏毛或两面均有刚伏毛和糙毛，边缘有刚睫毛。花通常生于小枝基部叶腋；苞片宽卵形，有时带紫红色；相邻两萼筒分离，常具刚毛和腺毛；萼檐波状；花冠白色或淡黄色，漏斗状，近整齐，筒基部具囊，裂片直立，短于筒。果熟时先黄色，后红色，卵圆形或长圆筒形。花期5～6月，果期7～9月。生路边山坡；海拔3600～4800米。产江达；新疆、青海、四川、甘肃、陕西、宁夏、山西、河北；蒙古、俄罗斯中亚地区至印度北部。

499 毛花忍冬
Lonicera trichosantha

落叶灌木；高1～4米。叶纸质，下面绿白色，长圆形、卵状长圆形或倒卵状长圆形，稀椭圆形、圆卵形或倒卵状椭圆形，长2～6（～7）厘米，两面或下面中脉疏生柔伏毛或无毛，边有睫毛；叶柄长3～7毫米。小苞片近圆卵形，长为萼筒1/2～2/3，基部多少连合；相邻两花的萼筒分离，萼檐干膜质，全裂为2半或1侧撕裂，顶部具不等浅齿；花冠黄色，唇形，冠筒常有浅囊，密被糙伏毛和腺毛，喉部密生柔毛，唇瓣毛较稀或无毛，上唇裂片浅圆形，下唇长圆形，反曲。果熟时橙黄色、橙红色至红色，圆形。花期5～7月，果期8月。生山坡，河谷林下和林缘灌丛；海拔2700～4000米。产芒康、左贡、江达、昌都、察隅、隆子、林芝、波密、工布江达、加查、比如；云南、四川、陕西、甘肃。

500 岩生忍冬
Lonicera rupicola

矮生多分枝灌木；高10～30厘米。小枝淡灰褐色至灰黑色，坚硬，密被细曲柔毛，叶落后成针刺状。叶纸质，3（～4）枚轮生，稀对生，线状披针形、长圆状披针形或长圆形，长0.5～3.7厘米，基部两侧不等，边缘背卷，上面无毛或有微腺毛，下面被白色毡毛状屈曲柔毛。花生于幼枝基部叶腋，芳香；苞片线状披针形或线状倒披针形，稍长于萼齿；杯状小苞顶端平截或4浅裂至中裂；相邻两萼筒分离，萼齿窄披针形；花冠淡紫色或紫红色，5裂，筒状钟形，冠筒长为裂片1.5～2倍，裂片卵形，开展。果熟时红色，椭圆形。花期5～8月，果期8～10月。生砂石山坡和冰川漂砾边缘；海拔4200～5200米。产定日、康马、亚东、浪卡子、林周、嘉黎等地；宁夏、甘肃、青海、四川、云南；不丹、尼泊尔和印度。

501 越橘叶忍冬　越橘忍冬
Lonicera angustifolia var. *myrtillus*

落叶多枝小灌木；高达0.5米。凡叶两面及苞片、杯状小苞和萼齿的边缘都有橘红色小腺毛。叶初时密集于幼枝顶端，卵状椭圆形、椭圆形或矩圆形，长5～9毫米，宽3～6毫米，顶端圆或钝形。基部钝形；总花梗极短；苞片叶状，倒披针形；杯状小苞片顶端不整齐截形，具细睫毛；相邻两萼筒分离，萼齿极短，卵状三角形，顶钝，边缘有细睫毛；花冠白色，筒状，裂片近圆形，几相等。果实紫红色，近圆形。花期5～8月。生云杉、桦木林下和山坡灌丛中；海拔3000～4300米。产聂拉木、定日、萨迦、昂仁、日喀则、拉萨、工布江达、朗县、错那、隆子、林芝、米林、波密、察隅、芒康等；云南、四川；阿富汗、不丹、印度和缅甸。

缬草属 *Valeriana*

502 毛果缬草
Valeriana hirticalyx

矮小草本；高达10（～18）厘米。茎基部无老叶鞘；匍枝细长，节部具近膜质的鳞片，匍枝叶圆形、全缘、长4毫米，柄长1.5厘米；茎单生，节部具粗毛。茎生叶2（～3）对，倒卵形，长1.5～3厘米，羽状分裂，不裂至中肋，裂片3～9，叶轴宽1.5～2毫米，长圆形或倒卵形，全缘。聚伞花序头状，长约1厘米；花冠红色，筒状，裂片椭圆状长圆形，冠筒内侧具长柔毛；雌蕊、雄蕊均伸出花冠。果序稍疏展，长3～4厘米；瘦果椭圆状卵圆形，密被粗长毛。花期7～8月，果期8～9月。生高山石砾地或高山灌丛草坡；海拔4000～5000米。产索县、比如、安多；青海。

503 小花缬草
Valeriana minutiflora

纤细草本；高25～40厘米。根簇生；有时有被疏毛的线状匍枝，匍枝上叶鳞片状。茎基部叶具1.5～3厘米的长柄，叶片不裂，倒卵形至椭圆形，具不规则的疏圆齿；茎生叶2～3对，渐向上柄渐短而至无柄，叶片羽状分裂或不裂，分裂时，裂片3～5，顶裂片椭圆形至卵形，长1～2厘米，明显大于侧裂片。圆锥状聚伞花序顶生；花冠粉红色，漏斗状，雌雄蕊均伸出花冠外。果序圆锥形，最宽处常在果序的中部；果实卵状椭圆形。花期7～8月，果期8～9月。生山坡林下；海拔3300～3800米。产江达、类乌齐、加查、米林、错那；陕西、四川、云南。

504 长序缬草
Valeriana hardwickii

大草本；高达1.5米。基生叶3～5（～7）羽状全裂或浅裂，稀不裂为心形叶；顶裂片卵形或卵状披针形，长3.5～7厘米，基部近圆，具齿或全缘，两侧裂片稍小，疏离，叶柄细长；茎生叶与基生叶相似，向上叶渐小，柄渐短。圆锥状聚伞花序顶生或腋生；花冠白色，漏斗状，裂片卵形，长为花冠1/2；雌蕊、雄蕊与花冠等长或稍伸出。果序长50～70厘米；瘦果宽卵圆形或卵圆形，被白色粗毛。花期6～8月，果期7～10月。生山坡林下或林间草地；海拔2000～3800米。产察隅、波密、边坝，索县、林芝、米林、错那、聂拉木、吉隆；四川、贵州、云南、广东、广西、湖南、湖北、江西；不丹、尼泊尔、印度、缅甸、印度尼西亚。

翼首花属 *Bassecoia*

505 匙叶翼首花　翼首花
Bassecoia hookeri

多年生草本。全株被白色柔毛。叶基生成莲座状，匙形或线状匙形，长5～18厘米，基部渐窄成翅状柄，全缘或一回羽状深裂，裂片3～5对，顶裂片大，披针形，边缘具长缘毛。花莛生于叶丛，高5～40厘米；头状花序单生莛顶，球形，径3～4厘米；总苞苞片2～3层；副萼筒状，檐部有4小齿；花萼全裂成约20条羽毛状的冠毛；花冠白色至粉红色，稀黄色。瘦果倒卵圆形，成熟时淡棕色，具宿存萼刺20条。花果期7～10月。生山坡草地、草甸、林间草地、林缘以及碎石滩草地；海拔3200～5700米。产加查、工布江达、米林、昌都、江达、贡觉、左贡、类乌齐、丁青、边坝、索县、措美、康马、亚东、萨迦、昂仁、吉隆、聂拉木、南木林；云南、四川、青海；尼泊尔、不丹。

五十三、伞形科 Umbelliferae

矮泽芹属 *Chamaesium*

506 矮泽芹
Chamaesium paradoxum

植株高达35厘米。茎中空，有分枝。基生叶长圆形，长3～4.5厘米，一回羽状分裂；羽片4～6对，无柄，卵形或长卵形，长0.7～1.5厘米，全缘，稀先端有2～3浅齿。复伞形花序；总苞片3～4，线形，全缘或分裂，短于伞辐；伞辐8～17；小总苞片线形；花白色或淡黄色，萼齿细小，花瓣倒卵形，先端圆，基部稍窄，中脉1。果长圆形，主棱和次棱均隆起，心皮柄2裂。花果期7～9月。生山谷阴坡草丛；海拔3800～4000米。产比如；四川、云南。

棱子芹属 *Pleurospermum*

507 矮棱子芹 *Pleurospermum nanum*

多年生小草本。茎长5～10厘米。基生叶柄长2～3.5厘米，基部叶鞘膜质；叶三角状披针形，长3～5厘米，二至三回羽裂，一回羽片4～5对，最下1对有短柄；小裂片线形或披针形，先端有尖头。顶生复伞形花序径5～7厘米；总苞片5～7，与上部叶相似；伞辐5～15；小总苞片上部羽裂，边缘膜质；伞形花序有花15～20；花梗不等长；萼齿短三角形；花瓣白色或稍带淡紫红色，倒卵形。幼果果棱有5窄翅，果有小瘤。花期8月。生高山草甸或灌丛下；海拔4100～5200米。产米林、拉萨、双湖、吉隆、仲巴、普兰和革吉；云南。

508 垫状棱子芹 *Pleurospermum hedinii*

多年生莲座状草本；高达5厘米，直径10～15厘米。基生叶窄长椭圆形，长2～5厘米，二回羽裂；一回羽片5～7对，近无柄，小裂片倒卵形或匙形；叶柄长2～4厘米，扁平，基部宽达4毫米。顶生复伞形花序径5～10厘米，总苞片多数，叶状；伞辐多数，小总苞片8～12，倒卵形或倒披针形，不裂或羽裂；萼齿近三角形；花瓣淡红色或白色，近圆形。果卵形或宽卵形，有密集小水泡状突起，果棱有宽翅。花期7～8月，果期8～9月。生山坡草地上；海拔4600～5200米。产安多、乃东、那曲、尼木、双湖、定日、萨噶、仲巴和普兰；青海。

509 瘤果棱子芹
Pleurospermum wrightianum

多年生草本；高达80厘米。茎直立，带紫红色，有小瘤状突起。基生叶长圆形，长8～10厘米，二至三回羽裂，一回羽片5～7对；小裂片线状披针形，先端尖；叶柄有窄翅，基部宽，非鞘状；茎生叶简化。顶生复伞形花序径15～20厘米，总苞片7～9，线状披针形，上部羽裂；伞辐10～20，有小瘤状突起，小总苞片与总苞片同形；伞形花序有花10～15；花瓣倒卵形，白色或紫红色。果卵形，密生小水泡状突起，果棱有鸡冠状翅，沿沟槽散生小瘤状突起。果期9～10月。生山坡草地上；海拔3600～4600米。产昌都、察雅、索县、乃东和拉萨；四川。

510 美丽棱子芹
Pleurospermum amabile

多年生草本；高达60厘米。基生叶柄长达10厘米，叶宽三角形，长约15厘米，三至四回羽裂，小裂片线形或窄披针形，宽1毫米以上；茎上部叶柄短或近无柄，叶鞘膜质，宽卵形，长3～5厘米，有紫色脉纹，边缘啮蚀状。顶生伞形花序有总苞片3～6，与上部叶同形，下部鞘状，上部羽状分裂，伞辐20～30，小总苞片近长圆形，有紫色脉纹；萼齿三角形；花瓣紫色，倒卵形。果窄卵形，果棱有微波状翅。花期8～9月，果期9～10月。生山坡草地或灌丛中；海拔3600～5100米。产林芝、米林、朗县和错那；云南。

511 青藏棱子芹
Pleurospermum pulszkyi

多年生草本；高8～40厘米。常带紫红色。叶明显有柄，叶柄下部扩展呈卵圆形的叶鞘，叶片轮廓长圆形或卵形，长3～10厘米，宽1～3厘米，一至二回羽状分裂，最下一对羽片卵形或长圆形，末回裂片长圆形或线形。顶生复伞形花序直径15～20厘米；总苞片5～8，圆形或披针形，顶端钝尖或呈羽状分裂，常带淡紫红色；伞辐通常5～10；小总苞片10～15，卵圆形或披针形；小伞花序有花多数，侧生伞形花序较小，多不育；萼齿明显，三角形；花白色，花瓣倒卵形；花药暗紫色。果实长圆形，果棱有狭翅。花期7月，果期8～9。生山坡草地或石隙中，海拔3600～4600米。产西藏、青海、甘肃等地。

512 西藏棱子芹
Pleurospermum hookeri var. *thomsonii*

多年生草本；高20～40厘米。全体无毛。茎直立，单一或数茎丛生，圆柱形，有条棱。基生叶多数，连柄长10～20厘米；叶片轮廓三角形，二至三回羽状分裂，羽片7～9对，一回羽片披针形或卵状披针形，末回裂片宽楔形，羽状深裂呈线形小裂片；茎上部的叶少数，简化。复伞形花序顶生，直径5～7厘米；总苞片5～7，披针形或线状披针形；伞辐6～12；小总苞片7～9，与总苞片同形，略比花长；花多数，萼齿明显，狭三角形；花瓣白色，近圆形；花药暗紫色。果实卵圆形，果棱有狭翅。花期8月，果期9～10月。生砾石山坡草地或沟边水湿处；海拔3500～5300米。产昌都、察隅、波密、林芝、米林、朗县、加查、乃东、那曲、措美、江孜、拉萨和仲巴；四川、云南、甘肃和青海；喜马拉雅山区。

凹乳芹属 *Vicatia*

513 西藏凹乳芹
Vicatia thibetica

多年生草本；高达70厘米。基生叶近三角形，长10～15厘米，三出二至三回羽裂；小裂片长圆形或宽卵形，长1～2.5厘米，宽0.5～1.5厘米，羽状深裂或缺刻状；顶部茎生叶细羽裂或3裂。复伞形花序径5～9厘米，总苞片1或早落；伞辐8～16；伞形花序有花8～13，小总苞片4～7，钻形；花萼无齿；花瓣白色或带紫色，倒卵形。果长圆形或卵形，主棱细线形。花期6～8月，果期8～9月。生山坡、草地、河滩、林下、河谷、灌丛中；海拔2700～4000米。产拉萨、昌都、日喀则、察隅等地；云南、四川等。

羌活属 *Notopterygium*

514 羌活
Notopterygium incisum

多年生草本；高达1.2米。茎带紫色。基生叶具柄，叶鞘披针形抱茎，边缘膜质；叶三回羽裂，小裂片长圆状卵形或披针形，长2～5厘米，缺刻状浅裂或羽状深裂，茎上部叶无柄，叶鞘抱茎。复伞形花序径4～15厘米，总苞片3～6，线形，早落；伞辐10～20（～40），小总苞片6～10，线形，伞形花序有花15～20；萼齿卵状三角形；花瓣长卵形，白色，先端内折。分果长圆形，背部稍扁，主棱5。花期7月，果期8～9月。生山坡及林缘；海拔4000～4900米。产昌都、丁青；青海、四川、甘肃、陕西。

柴胡属 *Bupleurum*

515 黄花鸭跖柴胡
Bupleurum commelynoideum var. *flaviflorum*

多年生草本；高达48厘米。基部叶线形，长8～18厘米，宽2.5～4毫米，无柄抱茎，基部紫色；茎中部叶卵状披针形，先端长尾状，长8～11厘米，宽0.5～1厘米，边缘白色干膜质；茎顶部叶窄卵形。伞形花序生于枝顶，总苞片1～2，不等大，早落；伞辐3～7，小总苞片7～9，2轮；花瓣黄色。果褐红色，短圆柱形。花期8～9月，果期9～10月。生山坡草地；海拔3600～4800米。产江达、昌都、类乌齐、八宿、比如等地；四川、青海、甘肃。

516 纤细柴胡
Bupleurum gracillimum

植物矮小匐地；高6～40厘米。茎自基部分枝成丛生状态，匐地再向上伸；叶灰绿色，小型，基生叶和茎下部叶线形，长1～6厘米，宽2～6毫米，顶端渐尖，7～11脉，茎中部叶较短而宽，披针形，顶端渐尖，基部扩展半抱茎，长1.2～2厘米，宽4～5毫米，15～19条细脉，上部叶短小，狭卵形。总苞片3～4，不等大，卵形或椭圆形；伞辐3，小总苞片3～5，大小相差悬殊，卵形或披针形；每小伞形花序有花3～6，成熟果实仅2～3。果椭圆形或长卵形，棕色，棱粗而明显。花果期6～8月。生山坡路边；海拔3200～4400米。产林芝；四川；克什米尔地区、喜马拉雅山区。

葛缕子属 *Carum*

517 葛缕子
Carum carvi

多年生草本；高达0.7（～1.5）米。叶外廓长圆状披针形，二至三回羽裂，小裂片线形或线状披针形。复伞形花序径3～6厘米，无总苞片，线形；伞辐3～10，极不等长；无小总苞片，线形；伞形花序有4～15花；萼无齿；花瓣白色或带淡红色。果长卵形，熟后黄褐色。花果期5～8月。生河滩草丛、沼泽草甸、田边或坡地灌丛中；海拔3000～4350米。产昌都、索县、林芝、尼木、康马、南木林、日喀则、定日、聂拉木、吉隆、札达；广布于东北、华北、西北及四川；欧洲、非洲（北部）、北美洲和亚洲其他地区。

藁本属 *Ligusticum*

518 长茎藁本
Ligusticum thomsonii

多年生草本；高达90厘米。基生叶一回羽裂，羽片5～9对，卵圆形或长圆形，长0.5～2厘米，宽0.5～1厘米，有不规则锯齿或深裂；茎生叶1～3，较小。顶生复伞形花序径4～6厘米，侧生花序较小，总苞片5～6（～8），线形；伞辐10～20，小总苞片10～15，线形或线状披针形；萼齿细小；花瓣白色。果长圆状卵形，背腹扁。花期7～8月，果期9月。生灌丛及山坡草地；海拔2200～4200米。产类乌齐、索县；青海、甘肃；阿富汗、克什米尔、印度、巴基斯坦。

厚棱芹属 *Pachypleurum*

519 拉萨厚棱芹 *Pachypleurum lhasanum*

多年生丛生无茎草本。基生叶柄长2～3厘米；叶长圆状披针形，长3～6厘米，宽1～2厘米，二至三回羽状全裂，羽片4～7对，疏离，卵形，小裂片窄卵形或卵状披针形。伞辐11～14，生于植株基部；小总苞片6～8，一至二回羽裂；萼齿钻形；花瓣白色，长卵形。果卵形，背腹扁；果棱均为较厚翅状。生山坡草地；海拔4400～4600米。产拉萨。

独活属 *Heracleum*

520 白亮独活 *Heracleum candicans*

多年生草本；高达1米。茎上部多分枝。叶宽卵形或长椭圆形，长12～27厘米，一至二回羽裂，小裂片卵形或长卵形，有不规则浅裂和锯齿；茎上部叶有宽叶鞘。复伞形花序梗长15～30厘米，总苞片1～3，线形；小总苞片少数，线形；伞形花序有花约25朵；萼齿细小；花瓣白色，二型。果倒卵形，侧棱有宽翅。花期5～6月，果期9～10月。生山坡林下及路旁；海拔2000～4200米。产波密、米林、林芝、错那；云南、四川；克什米尔、印度、巴基斯坦。

中文名索引

Y

Z

学名索引

D

E

F

S

T